風雨雷痕

路继賓 著

沈右老 署

在瑞士日内瓦湖畔

陪同外宾在我国某气象台参观

原世界气象组织秘书长温尼尔逊向骆继宾赠送告别礼物

1974 年在南斯拉夫出席世界气象组织基本系统委员会届会

在菲律宾马尼拉主持台风委员会特别届会

1981 年在世界气象组织办公楼前

1987 年国家气象局举行新闻发布会
骆继宾作为气象局发言人回答记者提问

气象文化丛书

風雨雷痕

续集

骆继宾 著

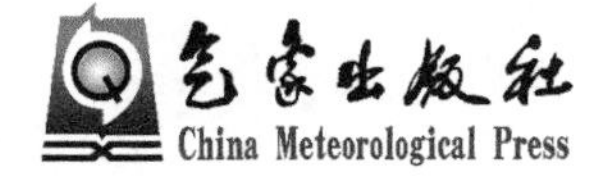

图书在版编目(CIP)数据

风雨留痕续集/骆继宾著. —北京:气象出版社,2017.5

ISBN 978-7-5029-6556-3

Ⅰ. ①风… Ⅱ. ①骆… Ⅲ. ①气象学-文集
Ⅳ. ①P4-53

中国版本图书馆 CIP 数据核字(2017)第 109271 号

风雨留痕续集

出版发行:气象出版社
地　　址:北京市海淀区中关村南大街 46 号
邮政编码:100081
网　　址:http://www.qxcbs.com
E-mail:qxcbs@cma.gov.cn
电　　话:010-68407112(总编室)　010-68408042(发行部)
责任编辑:刘瑞婷
终　　审:吴晓鹏
封面设计:博雅思企划
责任技编:赵相宁
责任校对:王丽梅
印 刷 者:北京中石油彩色印刷有限责任公司
开　　本:850 mm×1168 mm　1/32
印　　张:4.375
插　　页:3
字　　数:132 千字
版　　次:2017 年 5 月第 1 版
印　　次:2017 年 5 月第 1 次印刷
定　　价:28.00 元

自　序

1979年春，我去瑞士日内瓦世界气象组织秘书处工作，1983年奉命回北京国家气象局工作，在国外工作几年，使我长了不少见识，也有了一些新的想法。而与此同时，邓小平同志在国内倡导了“改革、开放”，不仅社会上许多事物发生了变化，也大大地解放了人们的思想。一些新的报刊、杂志出现了，刊登了不少面目一新的文章。其内容、文风、格调和文字的可读性都与以前大不相同，就连刚成立几年的气象出版社也连续出版了几本有关新中国气象事业发展的回忆录。我也赶着写了几篇文章参与其中。

我想，我本人作为随着新中国气象事业成长起来的老同志，应该为后人留点什么，有些事虽然不大，但能让后人知道也好。于是，每当工作繁忙之余，我会抽空写上一两篇文章送《中国气象报》等报刊发表。

2002年在气象出版社的大力支持下，我将2001年以前发表过的文章汇集成册，并正式出版，即《风雨留痕》一书。

这本书出版以后，我并未给我的亲朋好友广为散发。之后不久，出版社向我反映，各地气象部门对这本书的反映较好，要求多发一些。后来，有的单位和个人直接或间接地向我索取这本书，包括台湾气象学会。这对我是一个鼓励，也是我此次出版“续集”的原因。

如今，我也进入了耄耋之年，体力渐衰，对新事物逐渐缺少了敏感性，应该就此搁笔了。我也就此向我的读者们告别，祝大家健康长寿！

目　录

第四篇　随想杂谈

第一篇

往 事 回 首

气象人参与了人民大会堂的建设

北京人民大会堂于1959年9月建成,是北京市向国庆十周年献礼的十大工程中的首项。今年是国庆55周年,也是人民大会堂建成45周年。

从人民大会堂建成以来,我曾无数次走进人民大会堂,或开大会、听报告、观看大型表演,或列席旁听人大、政协等重要会议,或出席招待会、团拜会和宴请,或陪同外宾接受领导人的接见,等等。每次进去,我都会不自觉地东张西望,四处扫视,从地面到天花板,不仅是想看看有些什么新的变化,更多的是想找回一些正在逐渐消失的记忆。这是因为在人民大会堂的建设过程中,我和气象局的同事们曾多次参加人民大会堂建设的劳动,至今仍依稀记得当时我们曾经劳动过的地方。

大概是1957年起,中央又一次强调了知识分子的思想改造,提出干部要参加体力劳动,脑力劳动要和体力劳动相结合,并作了一些具体的规定:如机关干部每人每年必须参加至少30天的体力劳动,大学毕业生要先参加一年体力劳动再工作,等等。正是这一规定使我们气象人走上人民大会堂的工地,自始至终地参加了人民大会堂的建设。

人民大会堂的建设是从1958年10月底开始的。当时在京党政军部门和北京市的市级机关的干部被分配至“十大建筑”工地参加劳动,中央气象局和外贸部等一批国务院的部委局一起被分配至人民大会堂工地。

我局每天去一大卡车人(当时单位里一般都没有大轿车),多则五六十人,少则三四十人。那时局里总共只有几百人,去一车人所占比例就不小。一早去,下午收工回来,中午由工地指挥部提供一顿简单午餐。干部每人有一本劳动手册,劳动一天就在手册上登记一天,由当天劳动领队签字。干部根据自己的工作来安排劳动时间。有人每周去劳动一天，有人一连去几天，隔几周再去干几天。那时我局在中央国家机关中是最年轻的单位之一，多数干部才二十多岁，在国家机关文艺汇演和球赛中是既活跃又能拿奖项的单位，在人民大会堂的劳动中也是一支比较能干活和受欢迎的队伍。

人民大会堂的劳动是从拆房子开始。那时在建人民大会堂的地面上还是一片民房。当时的天安门广场要比现在小很多，大约只有现在的四分之一大，甚至更小，南面还不到纪念碑，广场的东南西三面还有小的围墙。长安街也没有现在这么宽。记得那时北京的交通主要有一条有轨电车，从永定门经过前门，再经西交民巷，然后向北穿过司法部街到长安街，经西单到西直门。现在的人民大会堂大概就是在已经消失的司法部街的东西两侧，或者在街的东侧一点，那时这里有好些胡同，密密麻麻的民房，有一般的老北京的民房，也有很好的四合院。当时的建筑施工还谈不上机械化，主要靠铁锹、铁镐、铁锤等手工工具，记不清当时是否有推土机，即使有也很少。在整个建筑过程中，建筑工人是主力，干部始终是辅助工，尽管工地上干部的人数很多。

地面平整好之后就开始挖地基，主要也是用铁锹、铁铲，土挖出来之后用筐挑或独轮车推至卡车旁，再用卡车运走。我局有些农村出身的同志担子挑得很好，但一天挑下来肩头都红肿了，有的同志肩头都打起了血泡。尽管如此，大家还是争先恐后，不甘示弱。那时，我挑担子的功夫还没有练出来，走路有些摇晃，所以比较多地选择挖土或推独轮车。独轮车前面还常有一人（多半是女同志）用绳子拉，但要保持车体平衡也不容易，弄不好就翻车，就要把土铲起来重推。我就多次推翻过车，其他同志比我也好不了多少。后来流行一句口号叫“小车不倒只管推”，用以比喻干部任劳任怨、勇往直前的革命精神，具体指的就是当时广泛使用的这种独轮车。这种车现在早已看不见了。

再以后的劳动主要是在脚手架上，或搬运建筑材料，如搬运琉璃瓦、石棉板等，或给建筑工打下手。一天上上下下好多次。有时也就固定在某个部位干活，后期我就曾在宴会厅的天花板顶上干过一天活，好像是铺石棉板。当时听说下面就是宴会大厅，我们一面从夹缝里往下看，一边在想象建成以后宴会厅会是什么样子。最后，我们还参加了完工后内部的清理和打扫。

站在脚手架顶上看工地，场景十分壮观，工地异常庞大，地面和脚手架上下到处是人，热火朝天，密密麻麻一大片，真正是人海战术。那时没有什么建筑机械，不用人海战术又有什么办法？只能从当时的实际出发。

人民大会堂和其他九大工程从正式开工到完工大约一年的时间。速度之快，十分惊人，古今中外不曾有过，是个典型的“大跃进”工程。据说其设计图纸在施工过程中有过多次改动才逐渐完善。这种做法现在是不允许了，但当时就是这么做的。45 年来，人民大会堂的内部有过多次的修整、改进，但在大的结构上没有出过大问题，也没有大的改动，包括大礼堂宴会厅，如今依然雄伟、大方、壮丽、辉煌。历史的实践证明，“大跃进”的群众运动不能再搞了。但“大跃进”工程不等于“豆腐渣”工程，“胡子”工程也不等于精品工程，事在人为。毕竟这几个大的工程都是周恩来总理亲自抓的。

改革开放后，我曾有机会去参观过国外的一些宫殿和议会大厦，如英国的议会大厦、美国的国会山、俄国的冬宫、法国的凡尔赛宫和卢浮宫等等。其内部确实都有不少名贵的绘画、塑雕、壁画、穹顶画等，还陈列有许多珍贵的艺术品。好在这里是人民的会堂而不是帝王的宫殿，用不着那么金碧辉煌。但我认为，就建筑本身来说，人民大会堂比起它们都毫不逊色。要知道那些建筑都是经过至少几年甚至几十年才建成的，还没有看到过哪个国家有跨度这么大和有这么多座位的大礼堂，也没有看到过能容纳五千多人的大宴会厅。别的国家议员最多只有几百人，而我国人大代表就有三千人左右，开起会来全体政协委员近两千人列席，再加上各部门、各国外交使节和新闻记者旁听，没有几千上万的座席，哪里容纳得下？这就是中国的国情。

虽说这也是种“大跃进”气魄，倒也和我国的应有国际地位相匹配。

据了解，人民大会堂的总建筑师当时也只有四十多岁，正当年富力强，其他的设计师更是年轻。在那“大跃进”的年代不仅时间很紧迫，西方国家还对我国进行封锁，根本不可能去国外观摩、考察、培训，没有样板可以参照和仿效，更不可能像现在这样搞国际招标，请国外名师设计，更何况当时的方针就是立足于自力更生。在那种历史条件下，能创造出如此辉煌的成果，充分显示了中国人的聪明才智。虽然事后并没有给这项工程授予这样那样的奖项，但是，四十多年的历史实践已经证明，它是当代建筑中一项当之无愧的杰出精品，不由得为此感到骄傲和自豪。

改革开放之前我国的经济发展不快，不是中国人缺少才智或头脑不灵，是政策问题、体制问题。对于我们来说，能学习国外先进科技当然好，但是首先要具有民族自信心和自豪感，这同样也是我们今后发展、创新和繁荣的基础。

我们气象人的劳动，对这座17万多平方米的庞然建筑和几十万平方米的拆迁工程来说，实在是微不足道，重要的是我们参与了，这里凝聚了气象人的具体劳动成果。当时有些同志还认为这是一份苦差累活，事后都觉得这是一份荣幸。正因为参与了，我们对它就有一种亲切感和自豪感，总会对它有一些偏爱。

其实，我们国家也可以看作一个在世界范围内宏大的建设工程，我们每一个人参与了它的建设，做出过一点添砖加瓦的贡献，对它的感情又何尝不是如此？近年来我国一些媒体频频宣扬由国外名设计师在北京设计的国家大剧院（即所谓的“巨蛋”工程）和2008奥运体育馆（即所谓的“鸟巢”工程），这两个工程的外形确实抢眼，但从内心感觉而言，我真不希望今后国内的大工程都要请国外名师来设计。

参加体力劳动对思想改造能起什么作用，至今还很难说得清楚，但有几点是大家有同感的：整天坐办公室，过一阵去参加一天或几天的劳动，变个环境和换个活儿，虽然身体劳累一些，但可以暂时摆脱办公室或业务值班时一些事务的缠绕，舒缓工作上的压力，思想上会感到轻松一些、兴奋一些；在同一个大单位工作，彼此之间不熟悉或不认识，在劳动中互相帮助、说说笑笑，很容易就熟悉、亲近和融洽起来，包括上下级的关系；参加劳动确实锻炼了身体，增强了体魄。

人的生命是与时俱老的。当年的领导者、设计者、建设者们一批又一批地衰老或去世了。顺便一提，当年设计革命历史博物馆和钓鱼台国宾馆的建筑大师张开济，如今也已是九旬的老人，就住在中国气象局门外的高楼内一套小三居的居室里，过着平淡清静的退休生活。前几年身体好时还每天到局大院里来散步，我还曾陪他去山西参观了平遥的旧式民居和乔家大院。前两年，他还在家书写和绘制了革命历史博物馆的加层和扩容方案。随着时间的推移，许多人和事已经成为历史。往事会被人淡忘，历史也在一页页地翻新。而人民大会堂却岿然屹立、风采依旧。这正是斗转星移、物是人非。

从 1959 年人民大会堂建成以来，中华人民共和国和中国共产党的许多重要会议、会谈是在这里举行的；许多对我国的前程、发展具有重大意义的事件是在这里发生、决策、演绎的。人民大会堂不仅是座历史性的建筑，它本身就是个历史的舞台，也是历史的见证者。

笔者作于 2004 年 9 月

怀念海峡对岸的同行和朋友
——张领孝先生

今春以来，媒体对台湾国民党主席连战等政要来大陆的访问作了大量的报道。使我再一次思念起海峡对岸的同行朋友——张领孝先生。张先生原是台湾气象局的副局长。我们相识于 1984 年 12 月在马尼拉的菲律宾气象学会的会议上。虽然，以后接触的次数也并不多，但已交上了朋友，留下了深刻的印象。

菲律宾气象部门和我们以及台湾气象部门都保持着联系。1982 年，当时的菲律宾气象局长，也是当时的世界气象组织主席金塔纳先生，在日内瓦和邹竞蒙局长谈，他想邀请海峡两岸气象部门的领导和专家共同参加菲律宾气象学会的学术会议，为两岸气象部门提供一个接触和对话的机会。其本意是想撮合两岸气象部门的关系。参与其事的还有一位台湾人——汤捷喜先生，此人曾做过台湾气象局的副局长，当时正在马尼拉台风委员会秘书处任专家。

在此之前，1981 年国庆节前夕，叶剑英委员长发表了“台湾回归祖国，实现和平统一”的九条讲话。提出了恢复国共两党的会谈，实现两岸“三通”的建议等等。这次讲话在海内外，包括台湾内部都引起了强烈的反响。台湾方面称之为“叶九条”。稍后，1982 年 7 月 24 日，廖承志又致信蒋经国，再次呼吁国共两党恢复和谈，以达成国家统一，两党长期共存，共图振兴中华之大业。

经过一段时间的“考虑”之后，邹局长接受了菲律宾气象学会的邀请，于 1982 年 11 月台风委员会年会之后，率陶诗言、方齐等 5 人赴马尼拉出席了会议。台湾方面，则是由当时台湾气象局局长吴宗尧率领王时鼎、陈泰然等人出席。这次会上除了会议安排的学术交流之外，两岸气象界的同仁也有了一些接触和交谈。据邹局长事后告诉我，他很想找个机会和吴宗尧面对面地个别谈谈，但吴总是避而不见，看似顾虑重重。会议结束也没有谈成。邹感到很遗憾，说是见了面而没有握手和谈话。但无论如何，这次会议还是为两岸气象部门的接触开了个头，虽然接触本身并不很成功。

1984 年，金塔纳先生再次向两岸气象部门发出了邀请。学术会议于当年 12 月在马尼拉举行，邹局长委托我率团参加，要求我们能放得开些。我方参加的还有陈联寿、广东的韦有暹等。台湾方面，由气象局副局长张领孝率领，参加的还有谢信良（此人当时是他们气象中心的主任）、陈泰然等。

第一天开会，菲方来了个大巴，先到我们住的宾馆接我们，然后再去台湾代表团住的宾馆接他们。我原想等他们上车后，主动上前握手打个招呼，不料他们上车后就目不视人，找位子就坐下。除了陈联寿和陈泰然过去在美国做访问学者时就认识，彼此开始了交谈，其他人都箴默无语。直到下车后，才由菲方的主人给我们双方做介绍。大家都显得比较拘谨。

会议中，主人为我们双方的接触和交谈提供了许多便利，如宴会时安排我和张领孝先生分别坐在金塔纳局长的两侧，席间我们用中文交谈，他也全不在意，有时还说“你们尽管用中文谈吧”。金还在自家的花园里举办自助式家宴招待大家，使我们有更多的一对一的谈话机会。实际上，双方在接触交谈上也都比较主动。所以，很快大家就熟悉起来。我方试探了一下，说准备宴请对方代表团全体成员。他们回应说，目前还有所不便。同时提出：只要不对外作报道，不单独在一起照相，其他问题都好说。我立即答应了他们的条件。

张领孝先生，山东蓬莱人，性格豪爽，十分健谈，一口比较地道的北京口音，对北京的地名街道、风俗习惯、人文背景都很熟悉。我问他何以如此？原来他从小在北平长大，先在通县潞河中学上学，抗日战争后，随潞河中学迁到西安，中学毕业后入成都空军气象训练队学习，从此开始了气象生涯。抗战胜利后，随空军迁回北平，单位驻地就在灯市口。1948年底,北平解放前夕随部队去了台湾。大陆还留下了他的母亲和两个弟弟。1982年,还把老母亲接到美国见了一面。大陆改革开放后,他的两个弟弟还先后担任了领导职务,待遇和生活水平在逐渐改善,母亲虽已八十多岁,但身体和精神状态都不错,对此,他也感到比较满意。涉及一些政治性的问题,他并不回避,他充分肯定了邓小平同志提出的改革开放的一系列政策。认为中国的未来很有希望。还告诉我,他在电视上看了洛杉矶奥运会的中美女排赛的全场比赛,感到女排队员真长了中国人的志气。

在我们个别交谈时,我向他介绍了我们气象工作的现状及未来发展的打算。他也向我介绍了台湾气象工作的状况。他赞赏大陆气象台站网的密度和观测资料的水平。他们是通过与日本的民间气象电路获取大陆实时气象观测资料的。我提出,我们对台湾的气象资料也有需要和兴趣,特别是台湾天气雷达的资料。既然双方都有需要,是否可考虑在两岸“三通”之前,先建一条气象专用电路,以便双方可以直接交换气象资料?他认为这不取决于气象部门。看来短期内难以解决。我当然知道这件事涉及台湾高层对大陆的政策,只是想试探一下而已。

有一次,在几位台湾朋友面前,他们称我是“中共气象局的副局长”,我听了觉得很别扭,就跟他们解释,中共下面并没有气象局,我们是国务院下面的“国家气象局”,他们说:“这我们知道,这是我们的习惯称呼。”我这才明白,实际上,他们是不愿用“国家气象局”这个正式的称号。其实,我们也不愿用他们那个“中央气象局”的正式称号。这种情况下,也只能打个哈哈来圆场。我说:“叫我们是‘中共’比过去叫我们‘共匪’要好多了。”他们回应说:“你们叫我们‘国民党、台湾当局’也比过去叫我们‘蒋匪帮’和‘反动派’要好多了。”大家哄然一笑。对骂的时代已经结束,但历史遗留的分歧并没有消除。

两年之后,1986年12月初,又在马尼拉举办了同样的学术交流会,仍然是菲律宾做东,邀请海峡两岸的代表与会。大陆方面,仍然是由我率团，成员作了个别的变动，增加了南京大学的黄仕松教授和上海的费亮。台湾方面，仍然是张领孝率团，主要成员谢信良、陈泰然没有变，也增加了几位教授。这次见面就像老朋友见面，彼此都很热情。谈话就更随便了。不仅对彼此的业务、台站布局、装备有了更深更广的了解，还了解了对方气象教育、科研及人员组成等方面的情况。大家都感到双方各有所长，需要相互学习。认为能有机会聚在一起交流交流就有益处。希望将来有一天能到对方实地参观考察。也希望能在两岸之间建立专用的气象电路，以便更便捷地交流气象情报资料，造福两岸的人民。

会后，东道主安排会议代表去郊游。在大巴上张领孝拉我坐在他身边。悄悄地对我说："老弟，我有件私事拜托你。"他谈了当年在北平工作时，有位女朋友董某，当时在协和高级护士学校学习。因驻地很近，每周跳舞、约会，处在热恋的阶段。并已商量好等女方结业，就举行婚礼。由于形势急转直下，就差一两个月时间，部队就突然接到南撤的命令，他便随部队匆忙去了广州，临行时说好等几个月女方去南方成婚。但北平一解放就音讯全无。这一走就隔绝了几十年。几十年来，这件事总是挂在心头，难以释怀。不知这么多年她究竟过得怎么样？他希望我帮他找到董某，把有关情况转告他。他还告诉了我，两个弟弟的名字和工作单位。我答应一定不辜负他的重托，如有机会去乌鲁木齐出差，我还会去看望住在他大弟弟家的老伯母。

既然他把我当作可信赖的朋友，对我提出了珍藏内心多年心愿的托付，我当然该尽力把事情办成。董既是从协和护校毕业，估计是在协和医院工作。回来后，不久，我就托人先后找了协和医院的好几位老护士、老大夫查找董的下落。回音都是没有这个人或不知道有这个人。两三个月过去了，毫无结果。后来，找卫生部的一位朋友帮忙，去北京市卫生局查找人事档案和花名册，最终在北京市某医院找到了这个人。她已经退休，当时还被返聘做计划生育工作。医院领导向她转达了我想找她谈话的意图后，她立即表示愿意见我，医院领导也表示要参加。我向她介绍了张的情况和嘱托，给她看了张的照片。她很细心地听取了我的情况介绍，认真地端详了张的照片。但却显得很平静。说张是她过去的朋友，原名叫张云龙，后来改成张领孝。看照片还能认得出来。说既然他现在的家庭、事业都很好，作为朋友我也为他高兴。而她本人一直在医院工作，丈夫是某中专学校的教师，有一儿一女，一个是工程师，一个在故宫博物院从事工笔画的工作，都已经成家立业。她还给了我她的家庭地址、电话。我把与董见面和所了解的情况写了一封信，通过张的大弟弟转给他本人。

1987年秋，我去新疆出差，带了上等的中秋月饼，准备去看望张的老母亲。找到了当时在新疆农机公司任经理的他的大弟弟，我让自治区气象局王为德局长陪我去，以便今后张老太太有些什么事，可以在当地帮助解决。但不巧的是，老太太前不久刚去了西安他二弟家，没有见到。不过，见到了他弟弟也表示了对他们家，特别是对他们老太太的问候。

在蒋经国去世前，台湾于1987年10月宣布取消“戒严法”，允许民众赴大陆探亲。菲律宾为两岸召开的学术会议就不再继续了。此后，就陆续有台湾气象界人士来大陆访问。20世纪90年代之后，大陆气象界人士也陆续去台湾访问或开会。

张领孝先生在退休之后，于1992年八九月份偕夫人来大陆探亲。我和陈联寿邀他参观了国家气象中心，并设便宴招待了他们夫妇。他对国家气象中心这一套业务和影视系统印象颇深，认为很有气派。我还去他们住的王府饭店看望了他们夫妇，而王府井一带正是他过去很熟悉的地区，因而对北京市的变化他更是感触良多。我本想和他商量，帮他多安排些活动或提供一些活动条件，但他告诉我，能来北京就感到很高兴，只是前天得了轻微的“脑梗”，右手活动有些不便，决定提前回台湾治病。

1994年10月，中国气象学会举行成立70周年活动，台湾有一批气象工作者前来参加，其中有前气象局长吴宗尧先生。邹局长宴请了他，特别邀我参加并给我作了介绍。我对吴说:“久仰大名。”他也对我说:“久仰，久仰。”席间，他畅谈了回苏州老家的观感，气氛友好，过去的事不再提起。

1996 年 5 月初，联寿同志要去台湾访问，说好去台北要拜访一下张领孝先生并代我向他问候。但临行前两天打电话告我:刚得到消息，张领孝先生去世了。使我十分震惊，没有想到他竟走得如此匆匆，令人扼腕。

1997 年 11 月，我应台湾“中央大学“之邀，去台湾访问，在中大见到了在马尼拉开会时认识的张隆男教授，他告诉我，与我们同在马尼拉开会的谢信良先生现在是气象局的局长，我请他向谢转达我的问候。后来谢请我参观了他们气象局并款待了我。

其实，改革开放后，我在国外早就接触过一些台湾朋友。但和张领孝先生交往时，我们双方都职位在身，这在当时按台湾的“戒严法”是绝不允许的，可以被定为“通匪罪”。我原想这可能会带来些困难，但实际上我们很快就成了朋友。

海峡两岸隔绝，对峙了几十年，相互缺乏交流、了解。对一些问题考虑的角度不同、认识不同是自然的，需要沟通、了解和谅解。通过和张的交往，我体会只要能真诚相待，沟通并不困难。两岸人民毕竟是同文同种，共同点远大于不同点，特别是像张领孝先生这样的人，对于大陆是集民族情、乡情、亲情、友情于一身，怎么可能会有“台独”情结？我相信，在台湾真正要搞“台独”的只不过是一小撮数典忘祖的政治野心家。

笔者作于 2005 年 9 月

回忆《联合国气候变化框架公约》的谈判和签署

1992年6月由180多个国家政府首脑出席的“联合国环境与发展大会”在巴西里约热内卢召开。大会正式批准了《联合国气候变化框架公约》,这是联合国在保护人类环境方面制订的一项最重大的国际公约,其深远意义将会在今后几十年逐渐显现出来。就气象领域而言,这更是一个前所未有的由联合国制订并具有政治经济意义的气候方面的国际公约。

这项公约从酝酿、发起、起草、谈判,到批准和签署经历了十多年的时间。在整个过程中,中国始终被认为是个重要角色,有时甚至是国际社会和媒体关注的焦点。而实际上中国也确实发挥了积极而重要的作用。我本人参与了这一过程的大部分活动,愿意就这一过程作些回忆,以供后人查考。

从关注全球气候变暖到成立“政府间气候变化专门委员会”

气候变化也称气候变迁,长期以来一直是气候学家们研究的重要课题。在历史上有的时期气候偏暖,有时偏冷,这也是气候学家们的共识,虽然各地冷暖的时段不完全吻合。1972年我国著名气候学家竺可桢发表了他最后的一篇重要论文《中国近五千年来的气候变迁》。20世纪60年代末到70年代初,世界许多国家包括我国都遭遇到了严冬,当时世界气候学界的主要论点仍然是全球气候将趋于变冷,有可能进入一个新的小冰河期。1973年5月,周恩来总理看到了《参考消息》上的有关报道后对国务院办公厅做了一个批示:“请你们好好读一下5月14日《参考消息》第四版关于世界气象变化的报道,并要气象局好好研究一下这个问题”。我们气象局为此还开过研讨会。

在随后的几年中，欧洲，特别是瑞典气候学家就大气中二氧化碳等温室气体含量的增加会引起气候变暖方面的研究取得了重要的成果，并逐渐为科学界所重视。气候学界变得活跃起来。为此，世界气象组织于1979年2月在日内瓦召开“第一次世界气候大会”，并在同年的“第八届世界气象大会”上做出决议：在世界气象组织设立“世界气候计划(WCP)”，以协调气候方面的活动。

我国政府派出了以北京大学谢义炳教授为团长的代表团出席了“第一次世界气候大会”。这次大会提出了一个重要论点：人类活动影响气候，气候影响人类活动。实际上是把气候和社会经济发展联系起来，而不是就气候论气候。这是这次大会对气候学科发展的一大贡献。

1979年4月，我到世界气象组织秘书处任职，我的第一个职务就是任世界气候计划办公室主任，负责组织草拟“世界气候计划”的具体内容。为此我们聘请了几位著名气候学家，有美国前气象学会主席凯洛格(Kellogg)和加拿大气象局前气候中心主任鲍威尔(Boville)等，还召开了一些研讨会. 初期的“世界气候计划”分为四个子计划，即“世界气候资料计划(WCDP)”“世界气候应用计划(WCAP)”“世界气候影响计划(WCIP)”和“世界气候研究计划(WCRP)”。其中，“世界气候资料计划”和“世界气候应用计划”由世界气象组织负责，“世界气候影响计划”由联合国环境署(UNEP)负责，而“世界气候研究计划”则由国际科学联盟(ICSU)负责。

20世纪80年代开始，西方国家的气象界，包括许多著名的研究机构、大学以及气象学家纷纷转向气候变化和气候模拟的研究，出了不少成果。大气中二氧化碳等温室气体含量的增加将导致全球气候变暖，逐渐成为主流论点。虽然各家所推算出的变暖的程度有所不同。与此同时，对全球气候变暖后可能的影响及后果也有不少论述。这引起一些国家政府和媒体的关注。然而，由国际科联(ICSU)负责协调和主导的气候变化的研究成果很难为各国政府所正式认可。因为，国际科联虽然是世界上最大的科学团体，但毕竟它只是非政府组织或称民间组织。它的成果可以被认为是学者个人的或个别大学和研究机构的见解，不能作为政府和议会决策的依据。在这一历史背景下，经西欧一些国家和环保组织的提议和促进，世界气象组织和联合国环境署在1988年经各自的领导机构—执行理事会批准，决定共同发起成立"政府间气候变化专门委员会(IPCC)"。

"政府间气候变化专门委员会(IPCC)"的组成

IPCC于1988年11月在瑞士日内瓦举行成立大会。会议邀请函发至各国外交部。中国外交部收到邀请函后，批转气象局派员参加。邹竞蒙局长决定派我出席会议，因此，我就成了IPCC第一届大会的中国政府的唯一代表。实际上，我没有参加当年世界气象组织的执行理事会，对成立IPCC的意图和任务并不清楚，邹局长也未向我做过具体交代，所以我还以为这只是个政府间气候变化问题的论坛。开会之前，美国大气与海洋管理局(NOAA)局长佛莱德紧急约见了我，他向我通报了欧美国家已就IPCC的有关组织领导问题进行了磋商，要征求中国的意见。

IPCC下设立三个工作组，即第一工作组，又称科学工作组；第二工作组，又称影响工作组；第三工作组，又称对策工作组。对IPCC主席和各工作组的主席和副主席也分别提出了建议名单，其中包括提名我为第三工作组的副主席。这实际上是欧美国家事先协商好了，跟中、苏、日等几个大国打个招呼，走个过场。总的安排是：IPCC主席波林(Bolin)是具有国际声望的气象学家，又是瑞典国王的科学顾问，还是研究大气中温室气体含量对气候影响的先驱者，他出任主席似乎是理所当然，众望所归。英国气象局局长霍顿教授是著名气候学家任第一工作组主席；苏联水文气象局局长任第二工作组主席；

第三工作组主席由美国出任，但不是美国国家海洋与大气管理局局长，而是美国的助理国务卿奔舍尔，此人三年后出任美国国家自然科学基金会的主任；第三工作组的第一副主席是加拿大环境部副部长兼气象局局长汤斯威尔女士，此人后来出任联合国环境规划署（UNEP）的总干事；第二副主席是我；第三副主席是荷兰的一位律师，是欧盟推荐的。

在欧盟国家和环保组织，包括欧洲的绿色和平组织的积极推动下，IPCC及其各工作组都制订了工作计划。IPCC会议既多而又紧张，每隔两三个月就有一次，其目标就是测算全球和各国二氧化碳等温室气体的排放量，估算何时温室气体的总排放量将比工业革命前倍增。在此情景的基础上，由第一工作组利用气候模式计算出全球气温增加的幅度，并提出气候变化的评估报告；第二工作组则据此提出气候变暖后可能造成的后果及影响。

会议的发言大量涉及温室气体的排放量，有些发言有意无意地点名中国是排放大国，温室气体排放量的增长速度最快。这对当时的我来说都是未曾接触过的新问题。我并不知道中国温室气体的排放量究竟是多少，也不敢贸然否认中国是排放大国或排放量增长速度最快，只是深切地感受到让我参加这样的会议真是难以胜任，很多问题不是气象部门所能承担得了的。我回国后找有关部门了解相关情况，发现竟没有一个部门归口具体主管排放量的问题，也拿不出我国当时的排放量，甚至都不愿参与此事。当时国内忙于经济体制改革及其他诸多棘手问题，尚顾不上考虑这个问题。尽管如此，我和邹竞蒙局长商量，认为此事还非得要有各有关部门参与不可，气象局不能包揽。我们决定直接找各有关部门领导汇报，由邹局长出面联系，我去作汇报。我先后向国家科委、能源部等作了汇报，并经国务院环境保护委员会主任、国务委员宋健同意，让我在国务院环委会全体会议上作了汇报。此外，我还专门向外交部国际司和条法司领导作了汇报，取得他们的理解和支持。

为了把这个需要多部门协同工作的问题用一种组织形式固定下来，经协商同意，成立了一个“气候变化协调领导小组”，由科委常务副主任李绪鄂任组长，邹竞蒙任副组长，我任办公室主任来组织协调参与IPCC活动的有关问题。这个“气候变化协调领导小组”先后开过几次会，经过协调，从1989年下半年起，IPCC的中国正式代表改由邹竞蒙出任，IPCC第一工作组由中国科学院大气物理研究所的曾庆存同志牵头；第二工作组由国家环保局牵头和组团出席；第三工作组仍由气象局牵头，因为我还是第三工作组的副主席；能源部、科委、环保局、计委、外交部均派相关领导参加，应该说这个工作组的阵容还比较强。

关于IPCC第三工作组

第三工作组是三个工作组中人数最多的一个工作组，出席会议的有上百人。各代表团中有许多经济专家、能源专家、法律专家，气象部门参加的人反倒不多。这个工作组会议次数最多，争论最激烈，政治性也最强，工作组主席——美国助理国务卿，本人就是个政治人物。因为工作组的主题之一就是如何减少排放量问题，涉及许多国家的经济利益。排放大国要考虑减少排放所付出的代价，减少排放势必要减缓其经济发展速度，而产油国家就要减少石油输出，这更会影响到国家的收入。有的争议很大的会议甚至通宵达旦，到清晨还不能达成比较一致的意见。

会场内外经常有人找你搭讪，聊天，请喝咖啡。实际上是向各代表团游说他们的观点，试图影响会议的进程。后来了解其中有些就是美国能源财团雇用的说客，他们专门为减排唱反调。

1990年初，第三工作组的一次会议在美国华盛顿召开，会议地点就在美国国务院大楼内。会前，美国老布什任内的国务卿贝克会见工作组的主席和副主席，和我们一一握手，然后又在全体会上致辞。一个工作组的会议给予这么高的规格是很罕见的，这也说明第三工作组具有很强的政治性。

有一次在日内瓦开会，会议结束前通知第三工作组的几位主席、副主席去联合国欧洲办事处开会。去了以后才知道，是到新闻中心会见记者。据说这是为了减少记者们在会场内的交叉采访带来的干扰。面对几十个话筒和众多的记者，确实感到比较紧张。此时此刻，不容我多想，只能硬着头皮上，否则，媒体会认为我对针对中国这个“排放大国”的提问是默认的。

在没有准备的情况下，我只能将我们在会上的一些观点用英语概括地谈了以下几点：1. 中国的排放量虽然比较大，但中国有十二三亿人口，按人均排放量，中国还没有达到世界人均的平均排放量；2. 目前大气层中二氧化碳等温室气体的增量，主要是发达国家在过去一个多世纪的工业发展过程中所排放和积累的，责任主要在他们，因此减少排放的任务应该由发达国家开始和承担，中国排放量的增加只是近几年的事；3. 现在发达国家几乎家家有汽车，一年到头有空调，随时可以有热水洗澡，各种家用电器一应俱全。而我们国家多数人的生活方式只解决了温饱，大量的排放是广大居民做饭、取暖所排放的，许多地方冬季很冷，却还没有条件取暖。对我们国家来说要减少排放，这就等于限制和减缓我国的经济发展，让人民永远过低水平的生活。为什么发达国家可以享受如此高的生活水平，而我们就不能提高生活水平呢？难道只是因为中国的发展比发达国家晚了几十年，上百年吗？这很不公平。我的答记者问录音被英国广播公司BBC在欧洲新闻联播节目当晚黄金时间播出。第二天，我又听了一遍重播，感觉内容基本没有被删节。以后日本的NHK电视台和其他欧洲电台还采访过我，我也作了类似的谈话。这说明中国的态度是西方媒体关注的焦点之一。

第二次世界气候大会

到了1990年上半年，IPCC各工作组的工作告一段落，转而着手筹备第二次世界气候大会。所谓 IPCC 工作告一段落，主要是指第三工作组根据全球温室气体排放量增长的速度，推算出到 2030 年前后，大气中二氧化碳等温室气体的浓度如不加限制，将比工业革命前倍增，而第一工作组则据此推算出届时全球平均气温将升高 1.5～4.5℃，完成了 IPCC 的第一次科学评估报告。

第二次世界气候大会于 1990 年 11 月上旬在瑞士日内瓦召开，距第一次世界气候大会 11 年。这次大会由世界气象组织和联合国环境规划署共同发起。比起第一次大会，范围更广，有 137 个国家参加；有许多政府首脑出席，规格很高；发表了宣言；影响更为深远。会议分两个阶段召开；第一阶段是科学大会，由各国著名气候和相关学科的专家出席。实际上是修改和认可 IPCC 第一工作组的第一次评估报告。我国出席会议的有叶笃正、曾庆存、骆继宾等十人；第二阶段会议是高官会，由各国的部长们发言，中国代表团团长、国务委员宋健也在会上发了言。还有半天是政府领导人，包括约旦国王、英国首相、瑞士联邦政府主席等 6 位首脑发表演说。实际上这一阶段的会议成了政府首脑关于气候变化的论坛。出席这一阶段会议的中国代表团成员还有邹竞蒙、曲格平等。

这次大会受到全球各国，特别是欧洲国家媒体的重视和大力宣扬，在全球掀起了一次大规模的科普宣传。气候变化从此由科学家们研讨的科学问题上升到政治层面，成为政坛的话题和政府行为。

这次大会通过了“部长宣言”。宣言指出：“不应以科学上尚无充分把握为由，推行经济上可行的措施以防止此种环境恶化。”同时要求联合国第 45 届大会“就进一步开展气候变化框架公约谈判的途径、办法和方式做出决定后，毫不迟疑地开始此种谈判，供 1992 年 6 月联合国环境与发展大会时签署。”

《气候变化框架公约》的谈判

1990 年第 45 届联合国大会于 12 月 21 日审议了“第二次气候大

会宣言”,并做出了相应的决议,即 45/212 号决议:“为人类的现在和未来保护气候”,该决议还决定设立“气候变化政府间谈判委员会”,就制定“气候变化框架公约”进行谈判。这是联合国大会就气候变化问题第一次做出的决议。谈判委员会是联合国设立和直接领导的,公约的名称及目标也是由联合国大会的决议所确定的。

既然谈判是联合国组织的政府间谈判,各国的谈判代表多由外交部的官员承担,而许多国家气象部门则不参加此谈判。经与外交部商量,我国代表团由外交部条法司司长孙林任团长,并将此谈判作为他们的一项重点工作来抓。但他们认为既然是气候变化公约,气象部门不能不参加,正式要求气象部门有一位领导参加,于是,我就参加了该项谈判的全过程。应外交部的要求,环保局、能源部及国家发改委(原国家计委)的相关领导也参加了谈判。第一次谈判是应美国政府之邀于 1991 年 2 月在华盛顿举行,整个谈判前后共进行五轮六次,每次谈判约十个工作日。我参与了其中的五次,开始时有 60 多个国家,最后有 130 多个国家 800 多人参加谈判。谈判于 1992 年 5 月 9 日结束。

谈判的目标是制定一项保护气候,实际是抑制气候过快变暖的国际公约。具体地说就是要减少全球温室气体的排放量。但是减少排放是个长期过程,不可能一次就把几十年的任务规定下来。因此,只能制定一项框架公约,提出减少排放的目标、原则和步骤,而每个阶段的减排任务,则由公约的附件——“议定书”来作具体的规定。框架公约是长期的,而议定书可以每隔若干年签订一个或更新一次,甚至可以同时有多个议定书。这在谈判一开始就是明确的。

谈判过程中各种矛盾错综复杂,各国都在为自身的利益而争论。几百人的谈判进行起来很困难,常常为了一段文字,一句话或几个字争论一两个小时。西欧国家对减排要求最为积极,因为这些国家的能源消耗量已经基本稳定,如法国 60%是用核电,瑞士 90%以上是用水电。减少排放对他们的经济影响不大,而环境却能得到改善。

他们要求到 2000—2005 年全球的排放量能稳定在或低于 1990 年的水平。其次,积极支持减排的是海岛国家,特别是太平洋上的小岛国,如斐济、瓦努阿图等,他们本身排放量很小,很怕气候变暖后海平面升高,令其国土不保,甚至怕沉入海中。美国、日本、澳大利亚等国是能源消耗和温室气体排放大国,其核能所占的比重又比较小,减少排放对他们经济影响很大,他们是竭力反对减排的。中东各产油国如沙特阿拉伯、科威特、伊拉克等也是反对减排的,因为减排就意味着减少他们的石油出口量,就要大大削弱他们的财源。中国和印度被认为是排放大国,而且排放量增长很快,但又都是发展中国家,人口众多,人均排放量很小。要减少排放就等于限制他们的经济发展。其他发展中国家也有类似问题。

在谈判中共有二十个代表团提出了公约全文的建议草案,其中包括我国代表团提出的中国对公约全文的建议案文。对于其他国际公约我国还不曾这么做过。在谈判中,我们还和印度等发展中国家,特别是 77 国集团密切协作,互相配合,提出了许多重要的、积极的建议和修改。因而,中国代表团被认为是谈判中的重要一方和不可忽视的力量。在公约的最后文本中引入人均排放概念是中国和印度等发展中国家经过斗争而取得的结果。如在公约正式文本前言的第三小段:"注意到历史上和目前温室气体的排放最大部分源自发达国家;发展中国家人均排放仍然相对较低;发展中国家在全球排放中所占份额将会增加,以满足其社会和发展的需要。"还有一段文字也很重要。在第三条,第一款的原意是:过去和当前大气中所增加的温室气体主要源自发达国家,他们对全球气候变化负有主要责任,应率先采取行动。对于这一原则发达国家口头上并不否认,但在文字上不愿写得那么明确。经过斗争和妥协,最后写成了:"缔约方根据他们共同的但有区别的责任和各自的能力,……因此,发达国家应率先对付气候变化及其不利影响。"这两段文字来之不易,对我国来说意义重大。我国当时的排放总量在全球排第三或第四位,有些代表团有意无意要求排放大国首先减排，这就把中国也包括在内。那就要限制我国的能源的发展和使用，对我国的经济发展十分不利。引入了人均排放的概念，就把中国排除在外了。当时我国按人均排放量只有发达国家的1/10至1/6，还不及全球人均排放量的一半，按人均控制，就给我们提供了一个宽松的经济发展环境。条文中还指明，发展中国家在全球排放的份额将会增加，这就更加明确提出，发展中国家在相当一段时间内，不仅不控制排放，还要允许增加排放。

我国当时绝大部分的电力和取暖都是靠燃煤，工业上能耗高，效能低，要改变我国的能源结构，学会利用再生和清洁能源，提高能效等都需要相当长的时间。以上两段文字也为我国能源结构的调整和能效的提高赢得了时间。总体来说，这个框架公约对我国的经济发展还是比较有利的。在谈判中美国等一些国家一直持消极态度。他们虽不公开反对公约，但总会不时发出一些不协调的声音。如强调全球气候变暖还有很大不确定性等。有一次会场上散发了一份由几十位气候学博士教授署名的声明，说气候变暖还有很大的不确定性，甚至将要变冷。我看了看署名者的名单，没有一个我所知名的人，后来有人告诉我，名单中极少数是真的，其中有一个是德国的副教授，其他都是子虚乌有。值得一提的是当时美国的参议员戈尔，后来成为美国克林顿时代的副总统，在日内瓦曾约见中国代表团团长孙林，表示他对气候变化框架公约的支持，和美国代表团唱了反调。

气候变化框架公约的谈判到1992年5月9日晚才达成协议，这就是交付联合国环境与发展大会批准和正式签署的文本。实际上这个文本是个妥协的产物，各类国家对它都不很满意，但又不得不表示同意。因为当时保护全球气候已经是一面旗帜，有些国家是想抢抓这面大旗，更多的国家虽不一定想抓大旗，但也绝不愿承担破坏谈判的罪责，另一个原因是公约本身还没有涉及各国的具体减少排放的任务，相对而言就比较容易为各国接受。

《联合国气候变化框架公约》的签署

1992年6月在巴西里约热内卢召开的“联合国环境与发展大会”是联合国召开的最高层次的各国政府首脑会议，共有183个国家的政府代表团出席，其中不少是由总统、国王、总理、首相率团出席。这次大会共批准了两项公约，即《联合国气候变化框架公约》和《生物多样性公约》。按联合国的有关规定，公约需由国家元首和政府首脑或外交部长签署，若是其他人签署则需在签署前提交政府的委任书。

《联合国气候变化框架公约》是1992年6月4日正式开放供各国签署的。第一个签署的是巴西总统科洛尔。我国李鹏总理是6月11日中午抵达里约热内卢的，当天下午4时30分就在会场外的大厅签署了这项公约。签署时有一个简短的仪式，中方到场的还有：宋健、邹竞蒙、曲格平等。世界气象组织秘书长奥巴西，公约谈判委员会主席里佩尔等也到场。

我国是签署公约的第61个国家，但却是联合国安理会成员国中的第一个，继李鹏总理之后，随后签署的有：英国首相梅杰，德国总理科尔，美国总统布什，加拿大总理马尔罗尼，法国总统密特朗等。到14日总共有153个国家和欧洲共同体签署了公约，其中71个是由国家元首或政府首脑签署的。在短短的几天内就有这么多国家的元首和首脑签署一个国际公约，这在历史上也是罕见的。这本身可以说明这个公约的重要性和各国对它的重视。6月20日起这项公约移至纽约联合国总部继续供各国签署。

公约签署之后，各国政府还要将公约提交各国议会（我国是人大常委会）批准通过，然后将批准书提交联合国。待联合国收到第50份批准书后，这份公约开始生效。我国全国人大常委会于1992年11月7日正式批准了《联合国气候变化框架公约》，完成了对该项公约批准的法律程序。1994年，联合国宣布《联合国气候变化框架公约》已于1994年3月21日正式生效。

《气候变化框架公约》与气象部门

气候变暖像一阵风浪从20世纪80年代起席卷全球,这场风浪是由气候变化引发的,气象部门自然首当其冲。首先是气象部门受到各国政府和社会的重视,增强了其影响力,同时也受到社会的压力,迫使气象部门调整其业务内涵和结构,加强了气候方面的工作,包括气候监测和气候模式和模拟。这对气象部门来说未尝不是一件好事,我国也是在这股风浪的影响下决定筹建国家气候中心的。到1990年第二次世界气候大会,这阵风浪达到了一个高潮,其突出特点是:许多国家的元首和政府首脑以及世界第一流的气象学家们纷纷出来谈气候变化。随后,气象部门又被卷入了本身很不熟悉的《气候变化框架公约》的谈判。实际上进入公约的谈判之后,这场风浪已经转换成了一场经济和能源领域的外交斗争,已经不再是气象部门职责内的事,许多国家的气象部门退出了谈判的过程,有的则退居谈判的二线或三线,成了配角。我们国家的气象部门也同样经历了这一过程。相对而言,比起发达国家,我国气象部门对气候变暖的问题反应稍慢了半拍,而我国的经济和能源部门,由于当时正忙于经济体制改革,比气象部门更是慢了一拍,这使得气象部门在初期受到了更大的压力。所幸,后来在IPCC,特别是"第二次世界气候大会"的影响下,国内各有关职能部门都重视并积极参与了该项工作,并发挥了各自的作用。气象部门在整个过程中还起到了一些联系、促进的作用。最后在《气候变化框架公约》的谈判中,由外交部牵头组成了比较强的谈判班子,在谈判中取得了主动权,公约经谈判达成的最后文本总的来说对我国还比较有利。

《气候变化框架公约》于1994年生效之后,1995年就按原规定开始了该公约的附件——"议定书"的谈判。1997年第一份议定书——《京都议定书》也已达成协议。谈判中总不时有人提出,如果以后的气候变暖不明显,甚至变冷,那么,《气候变化框架公约》及其议定书本身就失去了意义，耗时多年的谈判就是一项巨大的浪费。IPCC 的历次评估报告都承认气候变化确实存在不确定性，而公约和议定书都是为了限制温室气体的排放。这涉及全球能源结构的调整，就是要减少常规能源，包括煤和油、气的消耗，增加再生能源和清洁能源的利用，提高能效。即使今后气候变暖不明显、甚至变冷，以上措施对各国的经济发展和环境保护都是有益而无害的。因而《气候变化框架公约》称得上是一项“无后悔策略”。

笔者作于 2007 年 1 月

李良骐
——中国“百岁气象老人”

去年重阳节前夕到贵阳，我和马鹤年同志在贵州省气象局局长罗宁的陪同下，去拜访了我国气象界的前辈李良骐老先生。

峥嵘岁月稠

李老 1909 年出生于贵州的名门望族。他伯祖父是清代礼部尚书（内阁大臣）、京师大学堂（即北京大学的前身）的创办人李端棻；他的姑祖父就是晚清民初的大学者梁启超。他年少时由梁家亲戚历经艰辛从贵州带到天津，入南开中学，毕业后考入清华大学史地系（后改为地学系），于 1934 年毕业。那时候清华的系科不多，规模不大，学生也不多，很多人虽不同系、同班也都相互认识。和他同系同班的还有吴晗。李老回忆，和他同时期、现在仍然健在的还有季羡林、钱伟长等人。

毕业后他去南京进入当时的“中央研究院气象研究所”，在竺可桢先生领导下工作。1935 年他在《气象学报》发表了论文《东南沿海岛屿雨量稀少主因之探索》。抗日战争爆发后，他回到贵州，任贵阳测侯所所长，主持了贵州几个气象站的建立和人员培训工作。1940 年谢义炳先生从西南联大毕业，就到他所领导的测候所任观测员，后考入浙江大学读研究生。

1941 年底，国民政府在重庆沙坪坝成立了“中央气象局”，先是黄厦千、后是吕炯任局长，李良骐也曾于 1943 年到该局任过测政科长。当时的预报科（对外也称气象台）科长是卢鋈，总务科长是程纯枢。抗日战争胜利后，1946 年“中央气象局”迁南京，卢鋈去南京任气象总台台长；程纯枢任上海观象台台长；么枕生任东北观象台台长;李良骐到北平任华北观象台台长并兼任清华大学气象系讲师,在清华带过仇永炎等学生。当时的华北观象台就设在现在的北京动物园内。预报员有章淹、洪世年等,他们都刚大学毕业不久;观测员有秦善元等。北平和平解放后,解放军派张乃召为军代表率领几位年轻解放军干部接管了华北观象台,其中包括邹竞蒙(时年 20 岁)。邹竞蒙是在接管了天津某气象站后,加入接管华北观象台工作班子的。1949 年底军委气象局成立,涂长望任局长,张乃召、卢鋈任副局长。1950 年军委气象局在原华北观象台的基础上建立了中央气象台,1953 年该台迁至现在的中国气象局大院内,后发展成现在的国家气象中心。

1948 年北平和平解放前,李良骐到重庆任气象台台长,解放后他回到贵州气象部门工作,改革开放后曾任过贵州省气象局副局长,1987 年加入中国共产党,还历任贵州省政协委员、省人大常委、省科协副主席和清华大学贵州校友会会长等职,在贵州是位有社会影响的知识界人士。

为浙大入黔牵线

中国现代的气象科学、气象事业发展至今还不到一百年,李老亲身经历和看到了这一历程的绝大部分。他是一个在解放前和解放后都为中国的气象事业做出过不少贡献的人。他能回忆一些往事,叙说一些故事。

抗日战争爆发,浙江大学在竺可桢校长率领下由杭州西迁,经江西、湖南到达广西。1939 年竺老先期到贵阳,打算在云贵川找个能继续办学之地。李老介绍竺老与他姑父万勉之联系,万勉之当时是贵州遵义师范学校的校长。联系后万勉之同意让出该师范学校部分校舍给浙大。另一方面,竺可桢和当时湄潭县的严溥泉县长联系。严溥泉是位归国留学生,思想比较开放,他热情欢迎浙大迁至湄潭,并设法腾出部分民房。1940 年浙大终于迁至遵义和湄潭(相邻的两个县),浙大在此办学6年,涂长望、卢鋈等曾在这里任教;著名气象学家叶笃正、谢义炳、郭晓岚等都是在这里攻读的研究生;老一辈的气象专家束家鑫、吕东明等也是在这里学的气象。恰巧,我那时也随家里在湄潭,读过浙大附小和附中,算是他们的晚辈。

由于浙大曾在这里办学,给遵义、湄潭的文化、教育打下了基础,现在这里仍是贵州的一方人杰地灵的风水宝地,出了不少人才;浙大还继续为这里培养人才,开发新的科技项目。抗日期间浙大搬迁到贵州,李老作为牵线、引荐人之一功不可没。

“今年才98岁”

几个月前,李老还每天两次去附近的南明河公园散步、活动,到老干部活动室玩麻将、下棋、聊天。只是有一次外出赴宴,下楼时不慎踏空一级台阶而扭伤了腰,卧床一段时间,现在已不大下楼、出门了,但能在室内走动。

他耳聪目明,可以不戴眼镜或用放大镜读书、看报、伏案写作,最近还写了一篇《我的养生之道》,还能继续玩麻将。和他谈话无需放大声量,他也不用助听器,说起话来,声音洪亮,中气甚足,而且健谈、幽默。人们问他高寿,他常回答:“今年才98岁。”幽默中抱有对未来生命的期盼。作为近百岁的老人,他的身体该算是很健康的了。我看他也并不很刻意保养、锻炼,主要是心气平和,知足常乐。其实,他每天还抽一包烟,喝浓茶。

人们都希望健康长寿,因而“健康长寿、长命百岁”成了自古以来的祝福语。若能像李老这样健康而长寿,那确实是福气,算是有生活质量的长寿:人到了晚年仍然能自由活动,做一些自己想做、想玩的事;能亲眼看到当今太平盛世,中国的崛起,社会的繁荣、进步,人民生活的蒸蒸日上,这些对老人就是一种乐趣。

按中国的习俗是论虚岁,今年就是李良骐老先生的百年寿辰,他已进入了生命的第一百个年头。2009年将是他的实足百岁寿辰。

中国气象界出了第一个百岁而健康的老人，这对他本人和对气象界来说都是件大喜事，毕竟能闯过百岁大关的人还太少，男性更少，值得庆贺。到目前为止，李老算是中国“第一气象老人”。

我从网上搜索，看看国外能找到几位百岁气象老人。结果，只在美国找到一位百岁气象工作者。他叫皮尔斯·夏尔顿，生于1907年1月，第二次世界大战时服役，退役后在印第安纳波利斯国际机场从事气象工作，1968年退休后仍积极参加各种活动。别人问他长寿的秘诀，他回答：“没有什么，不死就是了。”他对待生死，就是顺其自然。皮尔斯·夏尔顿2007年11月在家中安然去世，算是一位健康地活足了百岁的气象工作者。

和李老的交谈使我感到轻松愉快，对生命之道也更有清透豁然之感。

笔者作于2008年1月

以上是2007年走访李老后于2008年初写的。2008年下半年李老就不幸去世。没有闯过百岁大关，令人惋惜。

纪念张乃召同志

1949 年 12 月，在新中国成立两个月后，中央决定成立气象局，就是现在中国气象局的前身——中央军委气象局，任命涂长望为局长，张乃召和卢鋈为副局长。在三位局领导中，张乃召是唯一的共产党员，被任命为党组书记，也是新中国气象局第一代领导人和主要创建者之一，是我国气象界的老革命。2012 年是他诞辰一百周年。

张乃召，山西平定县人。1932 年考入清华大学气象专业；1937 年毕业后，在家养病一年；1939 年，在山西参加革命。随后，他去了向往的革命圣地——延安；1940 年，在延安加入了中国共产党。在当时一批气象界的知识分子中，他是第一个去延安投奔革命的。从这个意义上说，他算是气象界的革命先驱。

当时的延安没有气象工作可做，他在医科大学作教员，还作过一些党务行政工作，如秘书、协理员、支部书记等。

1944 年，美国空军在华支援中国抗日，在昆明、成都、衡阳等地设立了一些空军基地和机场。当时，也考虑把延安作为美国空军的机场之一。另外，由于处在国共合作期间，重庆和延安之间也不时有飞机来往。美军派出观察组到延安，他们提出在延安及解放区建立气象台和观测站，并在各根据地设立气象通信观测组。此事由美军提供器材和设备，我方派出人员。经商谈后，达成协议。1945 年初，气象训练队在延安成立。中央组织部抽调了在延安唯一受过正规气象专业教育的张乃召来主持这项工作，由叶剑英同志找他谈话和交代任务。同时，还抽调了一批二十岁左右的青年学生参与学习和培训。其中，就有邹竞蒙、曾宪波、傅涌泉、毛雪华、张丽、苏中、周鲁女等同志。他们既学文化，又学政治、英语和气象专业知识。张乃召既是领导，又是教员，还要自编教材。与此同时，还请美军观察组人员讲课。1945 年 9 月，按照上级要求，正式建立了延安气象台；后来，又在解放区陆续建立了20个气象站，并联通了延安通信总台的气象专用无线电台，建成了一个以延安为中心的气象情报传送网。

1945年8月底，毛泽东主席飞往重庆进行国共双方的最高层谈判，飞机频繁来往于重庆和延安之间。

张乃召坐镇延安气象台作气象预报和保障服务工作。由于出色地完成了任务，他得到上级的好评。

1947年，胡宗南部大举进攻延安，气象台也随党中央撤出延安。日后，张乃召在山西临县和河北平山县继续培训气象及通信干部。他所培养的青年干部，后来都成为新中国军内外气象事业的骨干。

1948年，北平和平解放；1949年初，张乃召以解放军军代表的身份，带领邹竞蒙等同志接管了原国民政府的华北观象台。中央军委气象局成立后，1950年，在该气象台的基础上建立了新中国的中央气象台，也就是现在国家气象中心的前身。后来，他们还陆续接管了天津等其他地方的气象台站。

1949年12月，中央军委气象局成立。当时，全国还未完全解放，气象局从零开始，白手起家。刚建局时，只有十几个人、几间平房，需要建立机构、网罗人才；要培训大批专业技术人员，接收和改造旧的气象台站；更要建立大批新的气象台站，提供和生产气象仪器装备，提供气象预报服务等。当时，交通条件极差，有不少县还不通公路，更没有长途公共汽车。有些地方解放不久，治安不好，甚至土匪猖獗，建立新的气象台站困难重重。

从中央军委气象局成立到1956年底，我国已经建立99个气象台和1278个气象（气候）站。其中，高空测风106处，探空100处。这么快的发展速度，不仅是改革开放前30年中发展最快的，在世界上也少有。能取得这样的成绩，当然和当时以涂长望为首的局领导的精心策划和辛勤组织、安排分不开。

1951年至1952年上半年，全国开展了反贪污、反浪费、反官僚主义运动(以下简称“三反”运动)。气象局按上级布置和其他部门的“经验”也错整了一些同志,这些被“整”的同志在运动后当然有很大怨气。张乃召作为局内运动的领导人,对此深感内疚和自责,直到张乃召生命的晚期,他还念叨这件事,要再找这些受过伤害的同志谈心、道歉。这也反映出他内心深处的善良。他在20世纪70年代后期跟我谈起此事时,说真后悔当时没有听取涂长望局长的批评。涂局长批评他:“你成天和这些同志打交道,他们到底有多大问题,难道你心里就没有底儿吗?”张乃召说,那时他缺乏自信,总以为上级组织说的都是对的。经过几十年后,他才真正体会到,做任何事都要有自己独立的思考和判断。

1958年的“大跃进”是个令人“又喜又愁”的时期。这一年,报刊和广播里天天有高调的口号,经常报道不实的“高产”信息,不少同志也跟风起哄。广大人民群众处于高度亢奋状态,期盼即将到来的共产主义的好日子。张乃召只是和群众一起参加劳动,炼钢和种“高产田”。他非但没有惊人之语,反而是寡言少语,不唱高调,不跟风,不推波助澜。后来,群众在给领导提意见、贴大字报时,批评他思想右倾,跟不上形势,落后于群众等。他都接受,也做过些检查。在“大跃进”后,局领导调整分工,让他兼任资料室主任。那段时间,他大部分精力是和同志们一起研究资料工作中的具体问题。他甘愿做具体业务工作,耐得住冷清,不争权、擅权。一段时间后,局里又要他回局机关上班。

一年后,“大跃进”的泡影逐渐破灭,再加上干旱,全国粮食紧张,许多地方出现大饥荒。人们的头脑逐渐冷静下来,如梦初醒,只是希望有多一些的粮票,能吃饱肚子。渐渐地,同志们开始理解为什么张乃召同志在“大跃进”中寡言少语。他实际上是把住了自己言行的一条底线——尊重科学规律并有良知,这正是老一辈知识分子的本性。

后来,他保持了低调、寡言、慎行的作风。他从不鼓吹和推行用

“土法”等做天气预报,也不提倡“大砍天气图”等“极左”的做法。

“文化大革命”来势凶猛,一开始就发动群众揭发和批判各级领导干部和揪“走资派”。张乃召同志被批为气象部门资产阶级知识分子的总代表和总后台。他是第一个“靠边站”的局领导。到1967年,和全国其他部门一样,局里也搞两派斗争和夺权,局领导统统都靠边站,局机关瘫痪,停止了工作。军代表进驻后进行群众大联合和解放领导干部,张乃召同志是第一个被解放出来抓工作的局领导。

他能恢复工作,既兴奋,也很积极。1968年夏,长江、淮河发大水,国务院要求我们每天上午10时前把天气公报和全国雨量图印好后送到中南海。这样,中央气象台就必须每天6时开始会商,7时30分前把定稿的天气公报送去铅印。当时,张乃召同志家住新街口,他每天5时起床,然后骑自行车近半小时到局大院来参加天气会商。他要求我们对上报的材料和天气公报严格把关,文字要简洁、通畅,不要老一套。

1970年初,中央气象局和总参气象局合并,归总参谋部领导。军委重新任命张乃召为新的中央气象局副局长。军委派来的孟平局长和政委等都没有气象工作经历,他积极协助他们熟悉工作。在两局合并期间,气象部门的体制有了很大的变动,除中央外,省、地、县分别归省军区、军分区、武装部领导,气象部门干部被大量精简,大部分同志下“五七”干校去了。在此情况下,气象部门各级台站的业务服务工作,如测报、通信、预报、资料整编等都在逐步从“文革”的混乱和停顿中得以恢复。有些新的工作也在开展,如卫星云图的接收和应用;再如,启动对我国人造气象卫星的调研和规划等工作。张乃召深知对干部的培养及干部的成长皆不容易,非常珍惜人才,他还和孟平局长一起努力争取,让下放“五七干校”的同志回归气象部门工作;回不了北京的,也要设法将其调往省局,此举保存了气象部门所需的大量的、各方面的人才,为气象部门以后的发展积蓄了后劲。

1972年,世界气象组织正式恢复了我国在该组织的合法席位。

同年，张乃召同志率团对该组织总部进行了考察。他认为，在我国气象部门自我封闭几十年之后，我们自身也遇到许多困难，国外实时资料严重缺乏，加入世界气象组织为我们打开了一条国际通道。1973年5月，世界气象组织派官员来我国考察，张乃召与之商谈了我国参加世界天气监视网的问题。随后，向国务院作了专题报告。7月，国务院批准了这一报告，并任命张乃召为世界气象组织第一任中国常任代表。后来，世界气象组织补选他为该组织执行委员会(后改为理事会)委员。

1973年8月，张乃召作为我国气象部门唯一的代表出席了中国共产党第十次全国代表大会；9月，他去日内瓦出席世界气象组织第25届执行委员会，邹竞蒙和我随行，这次是中国代表第一次在该组织亮相和发言。由于当时“文革”还没有结束，我国政府也还没有正式提出“改革开放”的方针，在联合国大多数专门机构中，还没有中国代表。因此，他的发言受到各国和各方面的关注。他在发言中感谢各成员国支持在该组织中恢复中国的合法席位，表明中国将积极参加世界气象组织的活动，包括参加世界天气监视网等计划，愿意与各成员国进行广泛的交流。这一表态受到执委会的普遍欢迎和赞赏。事后，有外国朋友跟我说，他们原以为从“文化大革命”中出来的中国代表，一定是板着一副面孔，发表一通政治宣言，顺带着再把“美帝”“苏修”批判一通。想不到张乃召的态度竟如此和蔼，发言内容也比较务实，还和美国、苏联等国代表礼貌地互致问候。

会后，张乃召和该组织秘书处有关官员就我国加入世界天气网的具体问题和程序进行了咨询，还和日本的气象厅长官高桥浩一郎进行了商谈，双方明确了建立中日气象电路的意向。回国后，他立即就我国建立世界天气网中的“北京区域气象中心”(即国家气象中心)及建立“北京—东京气象电路”问题向国务院打了报告，后经李先念副总理批准。

1973年底，中日气象电路的专家级谈判开始。经过长期艰苦的谈判,1977年,协议正式签订。从1974年开始,邹竞蒙同志率我国专家组对几个发达国家的气象中心进行观摩、访问,对国外高性能计算机进行选型和采购,对我国的"北京区域气象中心"及其新大楼进行招标、设计、建设等。这实际上是我国气象部门自建局以来的一次最大规模的现代化建设。到1980年前后,所定的一些项目陆续建成。

在1973年世界气象组织会议期间,张乃召邀请了瑞士气象局局长斯奈德访华。而美国气象学会也向他提出拟组织高级代表团访华的要求。后经当时科协主席周培源和外交部的支持,他又作为中国气象学会的代理事长向美方发出邀请。1974年,瑞士的斯奈德夫妇,和美国气象学会现任、历任和待任会长及夫人组成的代表团分别来华访问。这开启了我国气象部门与西方国家的交流之门,也是中美科技界高层交往的开端。实际上,气象部门就此提前进行了对外开放。

1975年后,张乃召身体欠佳,因心脏病几次住院,当时没有安起搏器和装支架的技术,因此,他不敢出国和远行。1975年,世界气象组织在日内瓦召开第七次世界气象大会,他被任命为中国代表团团长。大会上,他再次被选为该组织执行委员会委员,但他没能与会,而是由副团长邹竞蒙率团参加会议和活动。

1978年底,我从"五七"干校锻炼后回京,局里没有给我安排工作,我闲赋在家数月。听说张乃召同志患肝癌在友谊医院住院,我便去看他。他说:"你既然没有工作,就常来陪我。"我差不多每隔一天就去看他一次,我们的谈话天南地北,内容从世界、国家到局内、个人。我想,聊天总可以分散病人的一些注意力和减少一些病痛,也能给他一些安慰。1979年3月16日夜间,我得知医院已下病危通知。17日一清早,我就赶到医院,他已经昏迷,呼吸急促,家人都静静地守候在病房内,没有任何抢救措施。他的夫人金宇同志说,既然生命已经无可挽回,就让他去了吧。事前已经商量好了:不进行抢救,去世后,遗体器官捐给医院。我们看着他的呼吸从逐渐减缓到完全停止，就此走完了一生的历程。

金宇同志是位医生，曾任中南海门诊部主任、宣武医院院长，当时是北京第二传染病医院的院长，她完全可以动用当时最好的医疗设施对自己的亲人进行抢救，但是她没有。她只是在他病危时给他注射了镇痛剂，以减少病人的痛苦。她事后告诉我，对临终病人的抢救，实际上会给病人徒然增加很大痛苦，只是病人说不出，也反抗不了罢了。就算能延续病人的呼吸和脉搏，他也不再享有任何生命的乐趣，完全失去了生命的意义，还浪费国家的医疗费用，不如让他平静地离去。这就是他们家人的生命观。理智、豁达，顺其自然，更体现了家人对他的真爱，令人敬佩，值得学习。

张乃召一生低调行事，但局里还是在 1979 年 4 月 1 日于八宝山为他举行了送别仪式。国务院副总理王任重以及农口的领导张平化、杜润生、李瑞山等同志出席。《光明日报》作了简短的报道。

新中国成立后，张乃召同志从 1949 年 37 岁起担任我局第一任副局长，到 1979 年 67 岁去世，在职 30 年(当时还没有离退休制度)，是局里任职时间最长的一位局领导。加上从 1945 年在延安时便从事气象工作，他为我国的气象事业贡献了 35 年。他是一位真正把气象工作作为自己毕生事业的领导，是新中国气象局名副其实的元老。他一生的经历和我国气象事业发展历程交织在一起。或者说，他的经历反映出建国前后气象事业发展的过程；同时，也反映出一个青年知识分子投身革命后，于革命和动荡年代在气象领域所走过的历程。

他不是完人，也犯过错误，在有的时段，由于客观环境的原因，他的作用没有得到应有的发挥。然而，在建国初期国内条件极其困难的情况下，他协助涂长望局长组建军委气象局，开创新中国的气象事业，做出了重大贡献。

在气象事业发展的其他几个关键时期，如延安时期、北平解放后和两局合并时期，世界气象组织恢复我国合法席位后及我国气象事业开始进行现代化建设的初期，他在气象部门对外开放等方面，也发挥了重要、甚至是不可替代的作用。他完成了历史赋予他的使命。新中国气象事业能发展到今天,张乃召同志功不可没,值得我们纪念和学习。遗憾的是,他没能看到改革开放以后我国气象事业更快速地发展和当今的全新面貌。

笔者作于 2013 年 2 月

第二篇

海 外 聚 焦

印度热浪热死人

印度政府最近宣布，今年因热浪丧生的人数已经超过 1300 人。这是近四年来印度遭到最强的一次热浪。

热浪就是酷热、高温天气，可以持续几天或几周。在国外它是相对于寒潮即强冷空气而言的。寒潮一般是由极地或高纬度的冷空气入侵而造成的，而热浪却不是赤道海洋的热空气的入侵而造成的。因为赤道海洋的气温有三十多摄氏度，而陆地上的热浪可以达到四十多摄氏度，甚至达到五十多摄氏度。

印度是个典型的季风气候国家，一年分为 3 季，6 月至 10 月为雨季，11 月至次年 2 月为凉季或称干季，3 月至 5 月为热季。因有纬度的差异，各地季节的起止时间会略有差异。3 月热季开始，随着太阳角度的逐渐升高和日照时间的延长气温升高。只有偶然的雷阵雨会使气温有些下降，到 4 月、5 月份，内陆地区气温达到 40℃左右则是常事。倘若在高层高气压的笼罩下，连续多日无雨，高气压中空气下沉增温，有时还有印度西北沙漠地区吹来的干热风，在印度中南部内陆地区的气温可以达到 50℃左右，这就是所谓的热浪。热浪在印度几乎是年年有，只是范围大小不等、持续时间长短不同而已。到 5 月底、6 月初雨季一开始，气温就能降下来。

印度的雨季是随着季风的来临而开始的。在印度，季风就是雨季的同义语。印度的季风是爆发式的来临，从 5 月下旬到 6 月初自南而北遍及全国。季风每年爆发有早有晚，有时可差十几二十天。这对印度的国民经济和社会生活都有重大影响，季风来得晚意味着全国性的干旱、高温的持续和水电的缺乏，许多生产、生活都处于停顿状态。因此，季风何时爆发是全国人民关注的焦点问题，也是印度气象部门每年长期和中期天气预报的一大课题。各宗教团体也都祈求季风的早日来临。

今年印度的季风来得晚，热浪的时间持续长，有的地方持续了约二十天，加上去年雨季雨量不足，许多小河、水库、池塘都已干涸，造成人、畜饮水困难，有的要跑到几里路以外去找水、等水。年老体弱的人因此而抵挡不住，这是伤亡较大的主要原因。据国外媒体报道，除了人员伤亡，禽畜死亡也不在少数，野生动物也常因干热而倒毙在荒野，机灵的猴子会到附近的村庄去找水喝。

除了上述原因，热浪在印度危害之大还有其社会因素。和许多发展中国家一样，很多农民涌入城市找工作，在城市周围形成一个贫民棚户区，住的是用木板、铁皮、塑料布搭的棚子，既不防雨，又不抗高温，加之缺少水电供应，连电扇都不能用，热得无处躲藏。这类贫民在死亡人口中所占的比例不小。笔者曾于某年 4 月去印度出差，在首都新德里就遇到了超过 40℃的高温，真正体验到了“骄阳似火”的滋味。据当地人说，到了高温热浪时整个社会活动的节奏都放慢了，机关单位下午不上班，有些商店也不开门，各种活动和交往都停止了，一般人家白天不做饭，很多人就躲在家中或阴凉处无所事事，街上行人车辆大为减少，农村有些人就泡在河里、水塘里。这些都是在热浪时期的特殊景象。

实际上，世界上有高温和热浪的国家不少，如沙特阿拉伯、埃及、伊拉克、科威特、卡塔尔以及其他一些中西亚国家等，也都可以达到这样高的气温，但其危害程度都不如印度来得大。需要说明的是，在南亚的巴基斯坦东南部、孟加拉、尼泊尔南部也都属于印度季风区，有类似印度的情况，每年也都有一些人因热浪而死。

热浪是印度的主要灾害性天气之一。1998 年因热浪死亡 1359 人，2002 年死亡约 1000 人，今年死亡 1300 多人，是近四年来最多的一次。对一个国家来说，一年死亡千把人，灾害不可谓不重。印度每年都通过媒体做大量宣传教育，告诉群众热浪时如何防暑抗温等，但对贫民和农民而言实际效果不大。据报道，印度热浪灾害近些年有加重的趋势，主要是连续几年雨季降雨不足造成的，是干旱加高温的结果。热浪与洪涝、泥石流等灾害不同，后者来得凶猛而集中，一次就可以毁掉一个村庄，死亡几十上百人，容易引起各方面的注意，并采取有力的防灾、抗灾措施。而热浪灾害则是分散的、慢性的、积累的，不易引起人们的关注，只有把死亡总数集中起来时才使人感到触目惊心。

我国气象部门在天气预报中不曾使用过“热浪”一词，我国的国情与印度不同。但是，印度的热浪仍然能给我们许多启示。我国也有持续高温，虽然不如印度那么高，可我国人民抗高温的体能也不如印度；我国也有连年干旱、干旱加高温、人畜饮水困难等问题。我国有关部门关心更多的是有多少亩土地受旱，农业减产多少，水位下降多少，而没有哪个部门去认真收集和统计有多少人因为高温中暑、干渴而死。本着以人为本的精神，看来对这类分散而慢性的灾害、特别是农村的防灾抗灾问题也值得加以重视。

笔者作于 2003 年 6 月

法国为今夏热浪争吵不休

今年夏天一场热浪先后席卷了印度、中国南方及西欧各国，使上述地区的人民饱受酷热之苦。如今热浪已离去，各地也先后恢复了正常生活。然而法国政府于8月29日公布的官方统计数字显示，今年8月上半月因热浪而死亡的人数达11435人，这相当于美国“9·11”事件死亡人数的四倍，法国媒体和政坛为这一数字和谁该为这么多人的死亡负责至今在争吵不休，总统和总理的支持率也因此而显著下降。

法国所处的纬度和我国的黑龙江和吉林省相当，属于地中海气候，冬暖夏凉，8月份巴黎的平均最高气温为23.8 ℃，比哈尔滨的26.1 ℃还低。通常日最高气温都不超过30 ℃，到了最高气温接近或略超过30 ℃，他们就会感到热得受不了，妇女会穿太阳服，把背裸露出来。年轻男女更是短裤背心满街跑。正因为夏季凉爽，包括比较富裕的人家，一般都不装空调，但冬季都有取暖设施。只有办公大楼、宾馆、商场、银行等地有中央空调，保持恒温。在这种环境里生活惯了的人，气温一升高就感到适应不了。

法国又是世界上工作时间最短、休假最多的国家，法定每人每周工作35～40小时，每年每人有带薪年假4～6周。而他们绝大多数人又把年假安排在夏天，或去海滨度假、晒太阳，或去山上疗养、呼吸新鲜空气，或去国外旅游。很多工厂、商店都要关门几周，巴黎这样的大城市成了半个空城。总之，人们把休假当作一年中的大事，提前安排，绝不放过，回来后还要谈论多时，互相交流。

今年的热浪发生在8月3—14日，持续约两周时间，是一个强大的副热带高气压笼罩在西欧上空造成的。法国的最高气温从7月就偏高，达30～36 ℃，8月3日以后升到35～38 ℃。据查这段时间法国的气象报告，多数气象台站的最高气温并没有超过38 ℃，如里昂。

巴黎是比周围都热的城市，曾有 5 天最高气温超过了 38 ℃，最高一天达 39.9 ℃，波尔多有一天达 40.6 ℃，最热的城市布尔日、迪戎、图卢兹、古尔东都有 9 天超过了 38 ℃，图卢兹最高达 40.6 ℃。法国气象局说，今年的最高温度已超过最热的 1947 年。英国伦敦今年 8 月只有一天最高气温达到 38.1 ℃，已经突破了历史纪录。显然，法、英等西欧各国的酷热程度和持续时间都比不上今夏我国的福建、浙江、江西等省，更比不上印度。法国这段时间死的人确实比较多，据报道，死者多为老弱病人，且死在家中缺乏照料的老人居多，有些是八九十岁平时尚能自理的老人。

争论的焦点主要是两点。一是受热浪死亡的人数，二是谁该为这一事件负责。

死亡 11435 人这个数字，是把今年这段时间死亡总人数减去 2000—2002 年这三年同期死亡人数的平均数所得出的。认为这都是与酷热有关的死亡。如果按这一方法统计，那么，葡萄牙死亡 1300 人，西班牙死亡 2000 人，荷兰死亡 500～1000 人，英国死亡 907 人。

不少人对这一数字和统计方法并不认可，认为有些死亡与高温无关，如车祸等就不应统计在内。有些人指责这种统计方法不科学。法国内政部称他们掌握的死亡数字不到一万人，有些西欧国家也不认同这一统计。而主事单位则辩驳说，多年来一直使用这一统计方法，外界并未提出异议，今年只不过死亡人数突出一些，就对此横加指责是不公道的。

尽管各方对这一统计数字认识不同，但是都承认热浪期间死亡人数众多，死亡者主要是缺乏照料的弱势群体这一事实。医护工作者协会主席奥尔巴说，死亡人数如此之多，简直是“一场空前的灾难”。那么谁该为这么多人的死亡负责呢？舆论的矛头主要指向卫生部长马泰和医院管理总局局长阿本哈伊姆，认为他们对危机或公共卫生突发事件处理不力，公共健康和社会保障体系存在重大问题，应急计划启动得太晚。有的舆论和议员要求卫生部长引咎辞职，也有的要求总理拉法兰撤换卫生部长。而卫生部长马泰则拒绝辞职，他认为凡是送到医院救治的病人都得到了应有的救治，医院管理总局报来的在医院死亡的人数增加并不很多。至于在家死亡的人，主要是家人没有把他们安排好就去度假，没有及时把他们送医院救治，至于孤寡老人主要是社会福利部门没有采取有效措施，如探访、巡视、送医等，责任不在卫生部。而他本人是个职业医生出身的官员，一辈子从事的就是救治病人，自认为没有失职。总理拉法兰目前也无意撤换卫生部长。但医院管理总局局长阿本哈伊姆在社会舆论的压力下已经提出辞职，可是他心里并不服，说自己只是这一事件的“替罪羊”。

经验与教训。这场争吵的焦点不在气象部门，但起因是热浪、酷热，是气象问题。尽管争吵中掺杂了党派斗争，人们还是可以从中吸取一些经验教训：

一、热浪即酷热可以给人民生命带来重大的灾害，是一种灾害性天气，这一点已为越来越多的人所认识。许多国家从以人为本的前提出发，对热浪带给人民生命的危害都有统计和记载，以利于今后的减灾和防灾，虽然各国对热浪的标准和统计方法并不相同，如美国统计多年来每年平均死于热浪的人数为 240 人。而在这方面，我国似乎也应该做些工作。

二、热浪不仅能使老弱病人和露天作业者致死，还能造成许多其他社会问题。据美国的一项统计，在热浪期间人们容易变得烦躁、暴燥，不仅工作效率降低，犯罪率、交通事故和溺毙者也都比平日增多。

三、我国各工厂、建设工地对劳动者在酷热期间的防暑降温已经越来越重视，采取了一些有效措施，改善他们的生活和工作条件。但我国仍有一些管理者不时地提出一些极“左”的口号，如“战高温，夺高产”“斗酷暑，抢进度”等，对这些做法不仅不应在媒体上宣传，而应该批评和制止。

四、随着全球气候的变暖，今后出现酷热的几率会增多，气象部门应该加强这方面的工作，特别是酷热的中期预报。卫生部门也应该有相应的应急机制。

五、人体对酷热的耐力是很有限的，平时生活和工作在凉爽条件或空调环境中的人，一旦遇到酷热生理上就不适应，某些系统发生紊乱，不思饮食、内分泌失调，以至心力衰竭。人们应该从法国事件中吸取教训，增强这方面的保健意识。

笔者作于2003年9月

今年的热浪从这里开始

今年4月下旬一次强冷空气过后，26—27日美国西海岸气温猛升，加利福尼亚州的最高气温上升超过10 ℃，达到摄氏30多度，其中南部的洛杉矶一带高达36～38 ℃，打破了1947年以来同期的纪录。5月初更高达40 ℃，比历年同期平均最高气温要高出20 ℃，是一次比较强而来得早的热浪天气过程。5月2日，加州南部发生森林大火，近几日这里的气温下降，热浪已经过去，但火势至今仍在蔓延。

其实，上述热浪并不是今年全球出现的最高的气温。今年4月在非洲的撒哈拉大沙漠及其周边地区，如马里、苏丹和亚洲的印度、巴基斯坦、缅甸等国都已经出现了超过40 ℃的高温。就在美国南部亚利桑那州和新墨西哥州一带的沙漠地区也出现了38～40 ℃的高温。但是，对于这些国家和地区来说，这是它们在历年同期的正常气温，对当地的生活和经济并没有什么影响，也算不上是热浪。

美国西海岸加州一带的气候是属于典型的“地中海型”气候，其特点是冬暖夏凉，冬季多阴雨天气，夏季多晴朗天气，四五月份正是这里的春天，降雨很少，月雨量一般不超过10～20毫米；气温很适宜，变化幅度也不大，最低最高气温在10～20 ℃之间，一般不会超过25 ℃，这对人们的生活是非常舒适的，也是旅游的黄金季节。而这里又是美国人口比较密集、高科技产业很集中、经济高度发达的地区。在这种气候条件下，气温猛升10～20 ℃，达到35～40 ℃，当然会对人们的正常生活和国民经济造成很大的影响。

加州及亚里桑那州一带几乎年年发生森林火灾，程度不同而已。但一般发生在7—9月，且多数发生在8—9月。近年来森林大火有提前的趋势，去年是发生在5月下旬，烧毁3600户人家，烧死22人，是近年来最严重的一年。今年的森林大火比去年又提前3周，甚至比政府规定的防火警戒开始日期还提前一天就燃起了大火，而且火势凶猛，扑火队员形容树林像浇了汽油似的，燃烧异常猛烈。火场已由3片发展到6片。政府正组织力量加紧灭火。

美国加州一带的热浪和森林大火都是与美国西部前期的干旱相关联的。实际上，美国西部的干旱已经持续到了第六个年头，在落基山脉及其以东大片森林有树叶脱落和干枯现象，不仅农田缺水干裂，江河水库的水位也逐年下降。美国西部的一条主要河流——科罗拉多河和附近两大水库是西部几个州淡水的主要水源，其水位已经比5年前下降了近50%，这威胁到西部7个州，约占全国十分之一人口和墨西哥上千万人口的用水问题，成了美国政府的一大忧患。政府对此已经发出了警示，并对居民的用水，如给草地浇水等作了一些限制，同时还组织有关部门研究对策。4月下旬一次强冷空气给科罗拉多州山区带来一次罕见的大雪，积雪的融化使土地得到了滋润，但河流和水库并没有得到多少补偿。看来干旱的问题短期内还难以解决。目前干旱还在向美国东南部几个州扩展。

热浪、森林大火、干旱缺水，形成了一个恶性循环的怪圈。实际上这也是一个问题的三个侧面。归根到底都是全球气候变暖的反应。

这次热浪天气过程虽短，但今年的热浪已经从此拉开了序幕。

笔者作于2004年5月

泽国之忧

进入盛夏，世界各地水灾频发，媒体也以各种形式予以报道，其中最为引人瞩目和同情的要数孟加拉国的水灾。该国从 6 月下旬开始出现水灾，目前已经有 1100 万人受灾，400 万人无家可归，10.4 万公顷农田被毁。首都达卡有近千万人，是全国防汛中严防死守的重中之重，但近日也堤防溃决，40％的土地被淹。全国不仅铁路、公路交通中断，几个机场也已经泡在水中不能使用，城市和国家的正常秩序已经被打乱。

孟加拉国被认为是世界上水灾最为严重的国家。在这片土地上，几乎年年发生洪涝。1998 年的洪涝曾使该国 70％的土地被淹，2100 万人无家可归，至少 700 人丧生。国际组织和外国政府对该国的救济和援助常常感到难以下手，难的不是为其提供食物和药品，而是难以给灾民们找到一块干燥而能避雨的栖息之地。这首先是由于该国水灾发生的频率很高，年年发生，平均每 7 年就有一次大洪水，33 年至 50 年就有一次特大洪涝灾害；其次是受灾面积大，受灾人口多。洪涝发生之际，该国国土面积的 20％至 70％要被水淹，受灾人口动辄上千万；第三是水灾持续时间长，一般国家的大水两三天就退去，长的十天半个月也能退掉，而孟加拉国的大水常常能淹上个把月，甚至两三个月。

孟加拉国位于孟加拉湾的顶端，背靠西藏高原，是典型的热带季风气候的国家，年雨量约为 1500～2800 毫米，其中 80％以上的雨是下在 6—9 月的雨季期间，降雨相当集中。在西南季风期间，孟加拉湾的充足水汽源源不断地吹向该国，只要有个小天气系统触发上升运动，就能下暴雨和大暴雨，这是它形成灾害的主要原因。孟加拉国的土地面积为 14 万平方公里，有大小河流 230 条，地势低平，是个大的水网地区。有两条大河经过该国出海：一条是印度的恒河；另一条是布拉马普特拉河，这条河的上游就是中国西藏的雅鲁藏布江。如果这两条河的上游发大水或洪水下泄，必然要影响到孟加拉国，这是形成孟加拉国水灾的另一个原因。同时，上游地区西藏高原南坡夏季的融雪，顺山坡而下，也流到了孟加拉国，使该国成了个大的聚水盆。河水出海不畅也是洪水难以退却的一个重要原因。由于上述河流下游地区地势低平，与海平面的落差很小，水流不快，遇有海水涨潮或海上吹强的南风，河口的海平面上升，水流就会受阻。正是上述种种原因，使得孟加拉国成了世界上水灾最严重的国家。

孟加拉国的水灾近些年来有加重的趋势，自然环境条件不利是重要原因，但根本原因还在于该国人口太多，国家太穷。孟加拉国人口有1.4亿，在亚洲仅次于中国、印度和印尼，人口密度每平方公里约1000人，比我国的江苏省和浙江省的密度还大很多。贫穷使得国家缺乏兴修水利，治理水患的物质条件，而反过来，水灾就越多，国家和人民就越穷。目前，该国正在经历着这样一个恶性循环，人口太多更使其难以跳出这个恶圈，联合国已将其列为世界最贫困的国家之一。其实，世界上自然环境不利而易于发大水的国家并不仅是孟加拉国，荷兰也是一个人口密度很大而地势很低的国家，有四分之一的国土比海平面还低，但该国在沿北海修筑了几百里的钢筋水泥大坝，花了多年时间把低洼地里的积水抽干，从根本上解决了水患问题。如今，荷兰已成为世界上最富裕的国家之一。

联合国及有关国际救援机构对孟加拉国的水患很关注，每年都要给予其援助和救济。今年国际红十字会已决定拨款320万美元救济金，国际组织还多次派专家对其水灾进行评估，试图找出解决方案。孟加拉国的水灾何时了结，现在还看不到头。孟加拉国的灾难不仅是水灾，每年还或轻或重地遭受热带气旋的危害。1970年12月的一次强热带气旋曾使该国近海的陆地和海岛都淹没在海水之中，30万人葬身大海，成为20世纪最为严重的气象灾害。另外，该国还将面临一个新的问题，即全球气候变暖，海平面上升的问题。据专家估计，海平面每上涨1米，海水就要深入该国陆地近百公里，使得本来人口密度已经过大的国土，将会变得越来越小。

笔者作于2004年7月

聚焦美国 2004 年"飓风"行动

2004 年飓风给美国带来惨重灾难。2004 年的飓风给美国带来的灾害程度之惨重是近几十年来所罕见的。全年共有 9 个热带气旋在美国登陆,其中有 6 个达到飓风强度。据统计,从 1944 年至 1996 年,平均每年有 6 个热带气旋在美国登陆,其中有 2 至 3 个达到飓风强度。今年热带风暴和飓风之多是近几十年来少有的,登陆飓风的个数为常年的一倍。其中,佛罗里达州在一个季度内遭到 4 个飓风的袭击,有 3 个是在佛罗里达州登陆的,另外 1 个在佛罗里达州的邻州登陆,这使佛罗里达州再遭重创。这也是自 1886 年以来所不曾有过的,只有得克萨斯州曾在 1886 年内遭到过 4 次飓风袭击。今年登陆美国的飓风中最强的是飓风"查理",登陆时中心附近最大风速有 68 秒米,是 1992 年飓风"安德鲁"登陆以来最强的飓风。虽然在美国飓风造成的伤亡人数在逐年减少,近十多年来平均每年死亡人数已减少到十多人,而今年总共死亡 117 人,已明显超过近几十年的记录。据美国官方公布的数字,经济损失达 420 亿美元,是前所未有的。

美国减灾的策略:撤离危险地带。第二次世界大战之后,美国的经济和科技高速发展,与此同时,他们也把许多金钱和科技成果用于减灾。纵观几十年来,美国越来越富,其所遭受的经济损失也越来越大,这并不是因为减灾不力,而是财富多了,受损部分的价值也随之提高。如果不积极减灾,经济损失就更大。总的来说,减灾措施对减少经济损失的作用并不很大。另一方面,由飓风造成的人员死亡率却逐渐下降:1900 年一次强飓风死亡 6000 人;1919 年死亡 800 至 900 人;1959 年死亡 390 人;1969 年死亡 256 人。而近二三十年来死亡人数已降到十多人,有的年份只有几个人。可以看出,美国减灾工作的立足点就是尽可能减少人员的伤亡。其具体的减灾策略就是:

既然阻止不了飓风的肆虐，就让人们从可能遭到飓风袭击的危险地带撤离。美国常在一次飓风之前撤离几十万人，甚至上百万人。今年最强飓风“查理”登陆之前，佛罗里达州就撤离了 200 多万人，占全州人口的四分之一。尽管如此，飓风“查理”还是造成 15 人死亡。在其北上时，在其他州还因泥石流等原因死亡 20 人。实践证明，美国的减灾策略是有成效的。实行这一策略，美国有其特有的条件：其一，飓风的预报警报比较准，有足够的转移时间；其二，美国人的科学文化素养总体上比较高，能够比较正确地理解预报警报的内容，并且判定自己是否该撤离；其三，美国基本上家家户户都有汽车，公路十分密集，撤离起来比较方便，虽然有时会大堵车，但通过直升机和交通广播台的指挥，一般能在飓风到来之前撤离；其四，美国的汽油很便宜，只有欧洲油价的三分之一，普通老百姓能承受得起。2004 年飓风“珍妮”在美国登陆之前，曾在加勒比海的小国——海地边上擦过。虽然没有在该国登陆，但却造成该国 3000 多人死亡，而这个飓风登陆美国所造成的死亡人数仅为 3 人。为什么悬殊如此之大？这是由于海地政局动荡，气象局处于瘫痪状态，不发布预报和警报；附近的多米尼加、古巴和美国一样虽然都有气象广播，但不是西班牙语就是英语，而海地是个法语国家，普通老百姓也听不懂，没有基本的气象信息是他们问题的根本所在，海地的很多老百姓就是死在睡梦之中的。退一步说，即便他们能听到预报警报，普通老百姓也没有条件撤离。因为撤离要有一定的经济实力和交通工具。海地是世界上最穷的国家之一，他们既撤离不了，也无处可去。

救灾策略层次分明。美国对于防灾和救灾任务在职责分工上基本上是明确的：监测热带气旋、发布消息、预报警报以及在适当时候由州政府发布撤离号召和动员，这都属于政府的职责，是政府行为；撤离与否是个人行为，由各家自己决定。政府既不组织，也不提供交通工具。撤离之后，人们有的投亲靠友，有的住廉价疗养院或招待所，没有去处的政府设有临时的和永久性的安置场所。美国居民一般都买了房屋财产保险，大约一年交一二百美元，所以民房的损失主要由保险公司来赔付。这属于企业行为，政府不管；买了保险的企业和农场也由保险公司赔付；公共设施的损坏由政府拨款解决；由于受灾后失业或临时性失业者由失业救济基金或政府救灾基金解决。此外，州议会还通过立法对受灾的家庭实行退税和减税，使所有受灾家庭，包括中产家庭也能得到一定的补偿。对于特别困难的个人和家庭，教会和慈善团体还会给予特殊的照顾，使其不致流离失所。这是对上述几种救灾手段的补充。

美国救灾采取多种渠道，但主要不是靠政府拨款。今年佛罗里达州受灾之后，布什总统特地到佛罗里达州作了一次视察，然后经他提出，国会通过两次拨款130亿美元作为救灾之用。这笔救灾专款数量之大也是空前的。由于这笔专款是总统在他的专机“空军一号”上决定的，所以媒体把这笔专款称为“空军一号救灾保险金”。

美国救灾体制的职责和分工虽然比较明确，但具体执行起来也出现了不少问题。如保险公司抱怨今年赔偿太大，承受不起。而普通居民要得到理赔首先要填申报单，然后等保险公司来实地考察和检验，其中扯皮的事还不少。有的是保了一项，忽略了另一项；有的是重复受灾在计算方法上有分歧等等。到目前为止，还有成千上万户家庭没有得到理赔。尽管媒体多次呼吁、抨击也无大作用。保险公司最近还称，多数受灾户已经获得理赔，由于数量太大忙不过来，理赔工作要到2006年才能完成。

笔者作于2004年12月

从澳大利亚森林大火说起

2009 年 2 月 7 日，澳大利亚的维多利亚州发生森林大火，火势迅猛蔓延。先后有 4000 多个消防队员出动，国内的军队和国外的救援队都参与到救火中，动用了直升机等一切可以救火的装备。大火在燃烧了 1 个多月后，终于在连续 2 天的大雨之后，3 月 14 日被全部熄灭。这是历史上最严重的山火灾害，共有 210 人死亡，烧毁房屋 1800 多栋，燃烧面积达 41 万公顷。

火灾发生在澳大利亚南部维多利亚州首府墨尔本以北几十公里的地区。这里的林区，几乎每年都有上百起森林火灾发生，一般一两天，最多三四天就可扑灭，所以，居民对森林大火及其危害并不陌生。这次大火发生前有关部门发了警报，州政府也发了预警，要求居民撤离。但为何竟有上千人未能撤离火场，并导致 200 多人葬身火海？

干旱少雨的天气造成扑火困难

21 世纪以来，澳大利亚南部就持续出现干旱少雨的天气。2 月 4 日，澳大利亚气象局发表声明说："澳大利亚东南大部分地区在过去 5～10 年里发生的一连串破纪录的热浪和大面积干旱现象是史无前例的。"2 月 6 日，澳大利亚维多利亚州出现 46 ℃的高温，墨尔本最高气温达 46.7 ℃，打破了自 1859 年以来的高温纪录。2 月 7 日的森林大火，不仅是在长期干旱和气温特别高的情况下发生，还同时伴有七八级大风。此外，森林中大量生长着桉树，这种树的木质中含油质比较高，易于燃烧，于是整个森林就像一大片干草，点火就着。这种伴有高温和大风的火灾与一般的火灾或者城市里的火灾还有所不同，火势不是随风一步步地向前燃烧，而是随着垂直翻滚的气流跳跃式向外发展，一个火区可在瞬间引发几十米外的森林着火。大火发生后，短短数小时内就有四十几处火区同时燃烧。客观地说，对这种大火的扑救确实很困难。

防灾和自救知识必不可少

地方政府虽然对居民撤离火区提出了要求,但是并未采取强制性的措施。对于当地居民来说,仍存有侥幸心理,舍不得离开家园。另外,因为每家都有汽车,以为火苗到了百米外再走也来得及;有的人家还准备好自来水管和灭火器,打算等火烧到眼前再搏一把,殊不知火苗靠近时,烟雾弥漫,空气中缺氧容易令人晕倒窒息;在逃离的路上交通失控,事故迭起,人们更是乱成一团。

看来,对防灾、救灾和灾难中自我救助以及有关防灾法规的教育和宣传,还需要反复进行。

现代国家应科学管理森林

科学管理森林可以有效地抑制火灾的发生。比如,在森林中每隔一定距离设置一条比较宽敞的隔离带,清除隔离带地面的可燃物,或者修蓄水池。这样在林火发生时,既便于救火车迅速进入林中扑灭火灾,也可以使林火限制在一定的、被隔离的范围内。实际是舍弃小片林区,以保全大片森林。前些年,澳大利亚政府也准备用这一办法来治理森林,但遭到绿色环保组织的示威与抗议。他们坚决反对在森林中砍树、建隔离带,认为这是在破坏生态环境,所以政府停止了原有的计划。笔者认为,这实际是"纯自然主义",而不是真正的环保。对森林应该进行长远和科学的管理与建设。大火过后,澳大利亚政府已经决定成立一个专门委员会重新审议过去的有关法规。

笔者作于 2009 年 3 月

一场小雨竟然“砸”坏四千屋顶

7月20日下午在智利北部的港口城市埃尔奎克下了一场小雨，并伴有3～5米/秒的微风，结果却造成了一场灾害。据该市市长米格尔·希尔瓦宣布：这个17万人口的城市有多处发生了断电；4000多屋顶被毁，许多房屋受损。市政府决定7月21日全市学校停课，以便抢修和检修校舍。所幸此次灾害尚无人员伤亡的报告。

原来，这个城市是位于安第斯山脉与太平洋之间，同时，也位于巴仑阿塔卡玛沙漠的中心地带，是世界上最干旱的城市之一。年平均雨量只有0.5毫米，曾经有过14年不下雨的记录。据智利气象局称，这次降雨是有记录以来不到第100次的降雨。

由于常年无雨，这里的居民房屋都是只遮阳而不挡雨，屋顶没有斜坡，其中不少是用薄木板、塑料布或纸板搭盖，而且很不严实。因此，有点小雨就屋顶积水、漏雨，并造成灾害。雨水过后屋顶就要重新装修、铺盖。

这地方最缺的就是雨水，然而，每次降雨又都造成灾害。

笔者作于2009年8月

美国国会中关于人工影响天气问题的议案

2005 年 3 月，美国得克萨斯州的参议员胡奇森(Kay Hutchson)在第 109 届参议院会议上提出了一个关于人工影响天气问题的提案："人工影响天气研究和发展政策授权法，2005"，同年 12 月，该议案被列为参议院 517 号议案，交参议院的商业、科学和运输委员会审议。同年 6 月，美国科罗拉多州众议员乌达尔(Mark Udall)也向众议院提出了一个类似的提案："人工影响天气研究和技术转让授权法，2005"，后被列为众议院第 2995 号议案，交众议院的环境、技术和标准委员会审议。目前，这两个议案仍在审议过程中，待最后通过后才能成为正式法案。根据所看到的材料，两个议案的标题虽有些不同，但宗旨和内容大同小异、基本一致。为何参议院和众议院几乎同时提出两个相似的议案？这可能是由美国议会制度本身造成的。因为，在美国，重大问题必须由参众两院都通过才能有效。

议案的宗旨是要在美国发展和实施一个全国性综合的、协调的人工影响天气政策，建立一个全国联邦和州政府发展人工影响天气的合作计划。

为此，议案建议在全国科技政策理事会下设立一个"人工影响天气专门委员会"，统筹和协调全国人工影响天气的计划。其成员由联邦政府有关机构的代表以及国家海洋大气局(NOAA)、国家自然科学基金会、国家航天局(NASA)的代表等组成，由国家海洋大气局及国家自然科学基金会的代表共同担任主席。与此同时，议案还建议在全国科技政策理事会下再设一个"人工影响天气研究咨询理事会"，其职责是向"人工影响天气专门委员会"就有关人工影响天气的具体问题提供咨询和建议。该理事会的成员应包括气象学会、工程学会、科学院、高等院校和研究机构中具有该领域实践经验的单位和政府机构中支持人工影响天气作业部门的代表。议案提出在该法案生效后180天内,“人工影响天气专门委员会”应提出一个有关人工影响天气研究和作业的十年规划。议案还要求美国联邦政府每年拨款支持该方面的工作和活动。看来这两个议案的实际用意在于:成立一个机构,授权其制定一套全国性的人工影响天气政策,放开人工影响天气的试验和作业。

目前,对于两个议案出台的背景还不清楚。显然,这不是两个议员的个人行为,而是有某些机构或利益集团在背后游说、策划和运作的结果。

两个议案出台之后,各种意见、评论也纷纷通过媒体、网络出笼。有支持的,也有反对的,有些意见、抨击还很激烈。

事实上从20世纪40年代中期人工增雨的理论研究走出实验室之后,美国是最早在大气中进行人工影响天气试验的国家。50年代,他们进行了多次多种类型的试验,并取得了不少理论和实践的成果。但在试验和作业中,他们却遇到了不少法律和法规上的困扰。几十年来,在美国有关人工影响天气试验和作业的诉讼案至少有几十起,起诉的原因无非是控告某次作业或试验侵害了本地方、本行业或本公司的利益,有的控告人工影响天气的作业破坏了本地的环境,等等。由于这些案件涉及很复杂的科学技术问题,而法官和律师都缺乏有关方面的知识,再加上有的案件涉及不同的州,而各州的法律又不尽相同,因此,法庭对案件的审理很困难,也难以得到公平合理的判决,常常要拖很长时间。实际上,美国的法规对人工影响天气作业控制得还是比较严的。由于作业基本上是由私营公司来实施的,这些公司必须先取得专业资格的证书,如果作业确实造成其他单位和地区的损失,则该公司要具有赔偿能力。公司作业前还要申请和取得在某地区和某段时间进行作业的许可。不难想象,这大量的诉讼案件及复杂的程序,必然在某种程度上制约了在美国本土进行人工影响天气试验和作业的开展。

20世纪60年代末非洲大旱,一些美国私人人工增雨公司到非洲进行人工增雨作业,但没有取得令人满意的效果。60 年代美国政府和军方还在加勒比海和墨西哥湾进行人工削弱飓风的试验,也未取得明显的成效。70 年代中期,美国政府和军方还计划在西太平洋进行人工削减台风的试验,即所谓的“狂飙计划”,由于中国、日本、韩国等国的反对而未能实施。70 年代初期,美国在越南战争中使用了人工影响天气技术打击敌人。例如,为了阻止越南北方军队通过“胡志明小道”进入南方,以加强对美军的游击战,美军曾经在“胡志明小道”的越南、老挝、柬埔寨边境一带上空进行人工增雨,使得山区的崎岖道路变得泥泞难行,河流泛滥,运输车辆无法通行等。美军的这一行径一经揭露,就受到国际舆论的谴责。世界气象组织和其他一些国际机构也于 70 年代中做出了相应的决议,反对将天气和人工影响天气技术作为武器,反对气象战。在此基础上,联合国大会于 1976 年 12 月 10 日通过了一项公约:“禁止将影响环境的技术用于军事或其他敌对行为”。其中所说的“影响环境”主要就是指人工影响天气。该公约于 1978 年生效,美国总统于 1979 年 12 月批准加入了该公约。

然而,近十多年来美国各界,包括政府机构、地方政府、私人企业和军方都有要求开展人工影响天气的呼声和计划,期望政府有个宽松的政策环境,以支持他们的活动。美国中西部近些年来干旱比较严重,10 多个州政府声明,他们希望通过人工增雨来缓解旱情;美国主要河流之一的科罗拉多河水管部门声明支持两院的提案。他们认为人工增雨将缓解该流域水资源短缺问题,也有利于水力发电;阿拉斯加州的领土位于北纬 60 度以北,气候异常寒冷,工作、生活都很不便。该州搞了一个大气增暖计划(HAARP),现在已筹集到 5000 万美元的资金;美国在加勒比海和墨西哥湾海面有上千座海上石油开采平台,每年飓风来临时许多平台都被迫停工,有些平台甚至被摧毁,特别是 2005 年卡特里娜飓风袭击新奥尔良,几个大炼油厂遭严重破坏,不仅石油价格猛升,石油财团的损失也很惨重。有的公司声称，他们可以在飓风经常生成的海面覆盖一层油脂，阻止海水的蒸发，从而减少飓风的生成，还有公司声称他们可以用飞机在空中撒播上千磅的白色粉末，用以大量吸收空中水汽，从而阻止飓风的发展、加强。然而，却拒绝透露粉末的化学成分。

美国的专业团体如人工影响天气协会（WMA）等，更是希望国会和联邦政府能出面推动人工影响天气工作的发展。他们特别强调指出，过去多年来美国约有10个州政府和私人企业支持的大量有关人工影响天气项目经费主要花在作业上，而对人工影响天气的物理过程及对影响效果的测试方法上投入极少。他们还抱怨，联邦政府在70年代之后大量削减了人工影响天气的研究经费，致使在人工影响天气物理过程的认识和效能判别技术上严重滞后于现实的需求。他们认为，目前组织大型人工影响天气试验研究计划的时机已经成熟。

美国军方对人工影响天气技术的试验研究从未停止过。他们搞了一个20年的发展规划。有军方人士甚至扬言：到2025年，谁真正掌握了人工影响天气的技术，谁就取得了战争的制胜权。近几年美军在伊拉克饱受了40～50 ℃酷热干旱的煎熬，体验到了天气环境对战斗力的影响，因而对把人工影响天气技术用于战争的积极性有增无减，完全不顾美国政府已经签署了联合国“禁止将影响环境技术用于军事或其他敌对行为”的公约。从已经透露的一些零碎资料看，他们试验的项目有：在敌方机场制造雷电，阻止敌机的起落；在战场制造浓雾，既可以隐蔽自己，又可利用激光武器和毫米波段武器透过浓雾杀伤敌人，如此等等。

美国国家海洋大气局局长劳顿巴赫认为，未来10年，人工影响天气技术的发展将由地区水资源的需求来主导。从防灾减灾的角度看，美国人工影响天气技术将有3个新的发展领域：人工消融冰雪、人工削弱飓风、人工影响龙卷风。他说，现在美国有了多普勒天气雷达网，有高频次和高分辨率的卫星云图以及细网格的数值天气预报产品，使得开展上述新领域的试验成为可能，并提供了有利条件。

对两个提案的反对意见也不少。有关机构提出主要意见是在建议方案中的人工影响天气专门委员会和咨询理事会排斥了环境保护部门、水利部门和农业部门的代表是不合理的。还有大量的反对者是自然主义者和环保主义者，其中有些是民间团体和个体群众。按照他们的理念，天气就是一种自然环境，不应该人为地去改变它。天要下雨，该下在哪儿就让它下在哪儿，不论它是祸是福。不能因为有的地区、企业或大农庄主有钱有势，就人为地把本该下在别的地方的雨，移到他们那里，反之亦然。

环保人士的主要意见是人工影响天气的试验和作业恶化了自然环境。长期和大量的人工影响天气试验和作业会在土地、水域沉积如三甲基、铝、钡等化学物质，对作物、人类健康都有不利影响；为削弱飓风，在海面上撒油或在空中播撒不明粉末更是明显地污染环境，其后果将难以估量；如果飓风真的被削弱了，大陆上降雨就会减少，又会出现水资源不足的问题；阿拉斯加搞的大气增暖计划，不仅加剧全球气候变暖，还会使美洲西海岸一带冬半年南北温差减小，从而使这一带高空西风急流减弱，这会改变北美天气形势，甚至使北美洲天气失常。因此，他们强烈要求停止或禁止人工影响天气的试验和作业。由一些民间团体和环保人士发起，2006 年 3 月 23 日在洛杉矶闹市区举行了一次抗议示威游行，从上午 9 点到下午 2 点，还有从外地和外州专程赶来参加的人士，游行中有标语、口号和街头演说，明确反对参众两院关于人工影响天气的议案，盛况空前。而美国人却见怪不怪，认为这在美国并不算什么稀奇事。

尽管美国学术界一直认为人工影响天气技术至今还不成熟，其有效性还难以客观、定量地评估，美国气象学会曾经发表过一个声明，认为人工增雨的有效性约在 10%，个别情况下甚至还可能减少降雨。但是，由于美国近些年连年出现大范围干旱，中西部一些州发生水资源短缺，西部一些州几乎每年都有森林大火，美国政府有关机构多数还是支持这两个议案的；尽管一些民间团体在强烈反对，但其作用似乎不是很大。估计两个议案在内容做某种程度的修改后，早晚可能会得以通过。

到目前为止，还没有见到参众两院对这两个议案做出正式决议的报道或公告。很可能由于美国政府和参众两院近来都为伊拉克的撤军和军费问题以及明年的大选忙得焦头烂额，而一时还无暇顾及研究。这表明，两个议案仍处于参众两院立法程序的审议、酝酿阶段。究竟议案的最后结果如何，以后又如何落实，还有待进一步的观察。

倘若两个议案真的得以通过，那么，美国人工影响天气的试验研究和业务就有可能进入一个新的发展阶段。

笔者作于 2007 年 6 月

龙卷风肆虐美国灾情告急

4月27日,美国南部地区7个州遭到龙卷风与强风暴袭击,迄今已造成至少350人死亡,数千人受伤。巨灾风险评估公司(EQECAT)预测称,这次风灾造成的保险财产损失估计将在20亿到50亿美元之间。受灾最重的阿拉巴马州4月30日将该州死亡人数调为249人,最初的报告称255人死亡。其他6个州:密西西比州、田纳西州、阿肯色州、乔治亚州、弗吉尼亚州与路易斯安那州至少有101人丧生。

这次风灾成为美国历史上死亡人数居第二多的龙卷风灾害,预计死亡人数将继续上升。1925年,美国中西部的密苏里州、伊利诺斯州与印第安纳州发生的龙卷风灾害造成747人遇难。

美国是世界上龙卷风最多的国家

龙卷风是发生在热带和副热带的一种小尺度的大气涡旋,直径小的近百米,大的不过近二百米。中心气压极低,较其外围气压可以低100百帕,甚至更低。因而其旋转风速极大,可达50~150米/秒,比强台风的风力还大得多,由此而形成极强的破坏力。龙卷风通常发生在大气不稳定的状态下,也是一种强对流天气系统,与闪电、雷暴、冰雹等伴生,并有强大的轰鸣声。白天可以见到天空有烟囱状的黑色云柱。这种天气系统生命史很短,通常只有二三十分钟,短的不到10分钟,长的也很少能超过1小时;路径一般只有几公里,长的也就二三十公里,很少有更长的。

南亚、东南亚、非洲、中南美洲都有龙卷风发生,数量虽然不是很多,但有的地方的灾害会很严重,如印度、孟加拉等国。西欧属地中海气候,极少有龙卷风。美国是世界上龙卷风最多的国家,每年平均上千次。我国所处纬度与美国相当,但龙卷风数量比美国要少得多,粗略估计只有美国的十分之一,在南北方各省(区、市)都有发生。

就美国而言,20 世纪前半叶最主要的灾害性天气是飓风,而现今最主要和最具杀伤力的天气灾害就是龙卷风。早在 1900 年,美国因飓风而死亡的人数曾达 6000 人,1928 年达 1836 人,到 20 世纪 30 至 60 年代,每年因飓风而死亡的人数一般在 250 至 900 人,其中,1969 年因遇特强飓风卡米尔,死亡人数达 270 多人。此后,因飓风预报的改进和防灾减灾措施的得力,遭飓风而死亡的人数进一步降低,一般每年只有几十人,有的年份只有几个人。只有 2005 年的卡特里娜飓风使密西西比河出口处垮坝,新奥尔良市被淹,死亡了 1700 多人。实际上,到 20 世纪 70 年代以后,美国杀伤性最大的灾害性天气就是龙卷风。

美国如何运用科技手段进行监测预警

近几十年来,美国气象部门运用了最先进的科技手段对龙卷风进行了监测,并做出预报和警报服务,取得了不小的进展。在监测方面,运用了静止卫星、多普勒天气雷达,包括部分军用气象雷达、自动气象站网和自愿气象站(由业余爱好者自己设立的气象站),观测的空间和时间分辨率都很高。特别是有些业余爱好者、居民和新闻媒体在龙卷风出现后开车跟踪,用手机随时向气象台报告龙卷风的具体位置,这也有利于校准雷达上的龙卷风位置和动向。在警报方面,他们可以在气象台的预报室内启动用户警报器,这种警报器(收音机)被自动打开后就播送龙卷风警报;他们还可以在预报室直接口播预报和警报,由电视台和广播电台进行直播,无需写成文字稿,由主持人播出,这样就节省了不少时间。预报时效由十年前的几分钟已经提高到现在十几分钟。精细化程度现在可以报到一个或两个邮政编码区以内。美国的邮政编码区和我国很相似,每个编码区大小不一。

尽管在龙卷风的监测、预报、警报等方面已经取得明显进展,但美国龙卷风灾害受损程度和人员的伤亡未见明显减少。这一方面可能是龙卷风预报和警报的时效和精准度对防灾而言还不够;另一方面是防灾和减灾措施上还不够有力。

躲避龙卷风不容易

地震灾害是地面摇动，房屋包括楼房就地坍塌，只要跑出房屋到楼外空地上就安全了；飓风灾害的警报能在飓风到来之前至少十几个小时发布，居民有足够时间撤离最危险的地区或躲到政府指定的避难所（如体育馆、大礼堂等）。而龙卷风的灾害不仅是风力特大，还因为其中心气压极低，在中心经过时可以把一些重物吸到天空，包括汽车、人、畜、树木、屋顶等。大风还可以把大轿车和火车吹翻。美国很多居民的房屋都是轻体结构，因而龙卷风一来，屋顶被掀掉，门窗被抛向空中，墙壁被吹走，就剩下一个地基。而天空中门窗、瓦块、树木和其他重物在空中乱飞。有不少人就是在逃跑过程中被空中飞来的重物砸死或砸伤的。和地震灾害相反，室外是最不安全的地方。龙卷风过后，居民区常常被夷成一片废墟，连室内什物也被卷走而不知洒落何方，遍地的家什，惨不忍睹。

居民得到警报只有几分钟时间可以准备，他们往往不知所措，要逃离警报区或去避难所时间来不及，如果附近有大楼，可以到大楼的底层或地下室。如果自家有地下室也比较安全。否则就躲在自家柜子或桌子底下也相对安全一点。

虽然我国龙卷风次数比美国少，但毕竟也是一个受龙卷风灾害影响的国家，对龙卷风的防灾减灾，气象部门也有义不容辞的职责，就是要进行对龙卷风的监测、预报、警报和服务，以减少龙卷风对我国的危害。20 世纪 80 年代，我国在部分地区开展过中小尺度天气，其中包括龙卷风的监测研究和中小尺度数值预报的研究，但其结果与实际业务服务还有距离。到如今我国公开的天气预报警报中还不曾明确提到龙卷风这个词，只提可能有强对流天气的影响。

笔者作于 2011 年 5 月

伦敦毒雾事件的启示

1952年12月4日夜间,英国伦敦发生大雾。这场大雾持续到12月9日才逐渐消散。

这次大雾能见度极低,最低能见度只有一英尺(约为0.3048米),伸手不见五指;能见度最好时也不足50米。有人回忆说,当时学校和家之间的距离只有一两百米,但摸着路走都没找到校门;整个城市交通瘫痪,工厂、商店等基本都关门了,一个喧闹的城市一下几乎变成了死城。

浓雾带有很浓的煤烟味和其他臭味,使人感到呼吸困难,不少人不停地咳嗽,眼、喉红肿,还有不少得了气管炎、支气管炎、哮喘和肺炎等呼吸道疾病。据统计,那几天伦敦因上述呼吸道疾病而死亡的人数超过4700人,减去每年同期因同类疾病死亡的人数,那几天因大雾而引发疾病致死的竟有4000人左右。在随后的几个月里,又有约8000人因此类疾病而陆续死亡。这次毒雾总共造成逾12000人死亡,不仅震惊了英国,也震惊了欧洲。

这就是著名的"毒雾事件"。

雾,作为一种天气现象,一般是清早出现,午前消散,偶有持续到下午。过去伦敦的雾也是如此,只有沿海地区遇到的海雾持续时间会更长一些。

自18世纪起,随着工业革命,英国农村人口涌入城市,特别像伦敦这样的大城市,导致城市人口猛增。同时,在大城市中也建起了许多工厂,这些工厂向大气中排放了大量的煤烟和粉尘。另一方面,英国居民在冬天习惯用壁炉燃煤取暖,而这种壁炉燃煤量比我国北方的煤炉要大得多。19世纪后期,伦敦每年的雾日达到70天至90天,比19世纪初增加了近10倍;同时,雾的浓度也在加大。

"毒雾事件"带给英国人一次深刻的教训,使他们有了保护环境的意识，认识到对环境的恶化，不能一味地无奈、忍受，必须采取相应措施加以遏制。

英国人先从立法入手。1954 年，伦敦通过了“城市法”；1956 年，英国议会通过了《空气清净法案》；1968 年，议会又对《空气清净法案》作了补充和修改；1974 年，又制定了“控制公害法”……这些立法对煤的使用进行了限制，对煤烟的排放进行了治理。如规定城市设立无煤烟排放区，一些工厂就必须改用无煤烟燃料或搬离城区；同时，规定市民取暖不得使用有烟燃料，并对城市供暖用的煤炉或供暖方式进行改造。

政府为此作了相当大的财政投入，并给市民发放一定的补贴。之后议会修改立法，规定工厂不允许在市区存在。在治理了煤烟排放后，又对其他有害气体的排放进行治理，如一氧化碳、二氧化碳、二氧化硫等。直到这些治理措施实施后的十多年后，成效才逐渐显现出来。20 世纪 70 年代后期，伦敦每年的雾日回落到每年 10 次以下，也很少出现浓雾了，至此伦敦才摘掉了“雾都”的帽子。

“毒雾事件”及其治理过程是在英国工业化和城市化进程中发生的。我国自改革开放后直到现在仍在经历工业化和城市化进程。因此，英国的历史教训对我们也有启示。

——雾，原本是一种普通的天气现象，并没有被人们重视。但在工业化进程中，它与烟、尘及其他有害气体结合后，浓度加大、发生频次增多，并演变成雾霾、烟雾。当烟雾发展到极致就成了“毒雾”，将直接致人死亡。应把这种烟雾、雾霾和大雾等当作一种灾害性天气来对待，尽量减少其危害。

——烟雾、雾霾、大雾甚至“毒雾”都是可以治理的。首先需要立法，要由政府牵头，要有财政投入，要有各有关部门特别是环境保护部门和城市规划部门等的积极参与，同时气象部门也应发挥积极作用。我国政府在过去 20 年里采取了一些重大措施防止污染的恶性发展。如在大城市中，将一些煤烟排放量大的工厂迁出市区；将北方城市的居民取暖改为集中供暖;将许多城市使用的能源由燃煤改为燃气或其他清洁能源等。但另一方面,我国近年来煤的产量和消耗量仍在大幅增长;我国不少地方煤烟污染趋势并未得到遏制,汽车排放的废气又在增多,雾霾日在增加。因此,对待我国的烟雾也不容过于乐观而放松警惕。

——烟雾、雾霾和大雾等危害人体健康,有时会很严重。这方面过去重视不够,科普宣传更不够。否则,各地就不会有大量人群在烟雾中晨练,更不会有城市在大雾中举办马拉松长跑竞赛。医疗卫生部门应该加强对烟雾引发疾病的研究和救治;此外,应加强科普宣传,让人们懂得如何自我保护。

笔者作于 2012 年 2 月

一场由烟霾引起的外交战

今年6月中旬初，印尼苏门答腊岛因焚烧枯、干的芭蕉叶和秸秆、烧荒产生了大量烟霾，经持续的西风一吹，飘过马六甲海峡，把新加坡笼罩在一片烟霾之中，历经数日不散，且污染指标节节上升，使这个国家发生了16年来最严重的烟霾灾害。美丽、清秀的岛国新加坡变得影影绰绰，不见了真面目。

新加坡政府采取紧急应对措施，成立了以国防部长为首、由8个政府部门首长组成的应急委员会专门应对此事；学校和一些工商企业停课、停工；向群众免费发放100万个口罩；地铁实行免票，鼓励大家坐公交，尽量不要开私家车，对由烟霾引起的疾病的医疗费用，政府将进行部分补偿，李显龙总理还上街参与向群众派发口罩等等。这些措施虽然积极多样，但不能减轻烟霾。议会讨论时，议员要求政府向印尼政府提出抗议，并要求他们采取紧急措施停止烧荒。新加坡政府通过外交途径向印尼提出了交涉和抗议。

而这一抗议却引起印尼政府和议会的大为不满，议员认为：这等民间日常生活小事，怎值得提出外交抗议？岂不是小题大做？一位部长甚至说这是将外交当作儿戏。

实际上，烟霾也影响到马来西亚南部地区，柔佛州进入了紧急状态，200多所学校宣布停课。马来西亚也对印尼进行了外交交涉，但姿态和语调都比较低，这是由于媒体披露马来西亚部分地区也在烧荒；印尼报纸也说，马来西亚在印尼的个别企业也参与了烧荒，因而马来西亚嘴软。

印尼议会的反应更激怒了新加坡议会，议员们要求政府对印尼提出强烈抗议，并要他们向新加坡公开道歉。有的议员和媒体甚至提出要印尼政府对新加坡做出经济赔偿。还有些议员提出，如几周内烟霾不消，就将此事诉诸联合国。

旅游业在新加坡的经济中占有重要地位，约占 GDP 的 4%。2012 年就有近 1000 万游客来新加坡旅游，相当于新加坡总人口的 200%。烟霾一来，旅客大量减少，原来确定在新加坡举行的国际会议，由于一些国外政要，包括美国前国务卿等人先后取消行程而不得不停办，与旅游相关的行业，如航空、酒店、餐饮、游乐、会展等都大受影响。由此，新加坡的经济也大受影响。但印尼外交部长在一次接受采访时声明，印尼政府决不为此道歉，同时还说明，印尼政府早在 2002 年已制定法律，规定不许烧荒，目前，已锁定 8 家违规企业将予以查处，另外，政府打算开展人工增雨来消除烟霾，云云。双方互不相让。

到了 6 月下旬，烟霾仍不消散，印尼的燃烧火点由 356 处增加至 555 处。国际舆论也纷纷对此次烟霾事件进行评论。总的来看，舆论明显偏向于新加坡。6 月 24 日，迫于国际舆论的压力，印尼总统苏西洛正式声明，就本国烟霾危害新加坡和马来西亚表示道歉，并下令要在一个月内消灭这场烟霾灾害。25 日，新加坡总理李显龙发表声明，衷心接受印尼总统的道歉，欢迎印尼就消除烟霾所作的承诺。这场外交战至此就告一段落。但印尼要进行人工增雨以消除烟霾之事尚未见诸行动。看来，对久不曾进行人工增雨的国家，要开展一次人工增雨作业也绝非易事。这场烟霾的后续发展还有待观察。

这次的“烟霾外交战”至少给了我们以下两点启示：

随着科技的进步，人们的环保观念在不断提高。农村焚烧秸秆和烧荒，过去认为这只是民间旧习，虽不是好事，但旧习难改，情有可原，现在看不对了，这会造成烟霾公害，不仅危害人体健康，还影响交通、旅游、经济等各方面的发展；过去认为环境卫生问题，应该是“各扫自家门前雪”，现在看不够了，除了要扫清自家门前雪，还要顾及本地产生的污染是否对相邻地区和国家造成危害，要有就要及早采取应对措施。就气象部门而言，过去只监测和预报本地的烟霾，现在来看，还应关注本地产生的烟霾对邻近地区和国家的影响，以供领导和有关部门采取应对措施。

焚烧秸秆、树枝、树叶及烧荒，这在以农业为主的亚洲国家是相当普遍的，特别是在东南亚以种植水稻为主的国家，如印尼、菲律宾、越南、泰国、缅甸、孟加拉，还有印度、巴基斯坦等等。这类焚烧和烧荒引起的烟霾年年有，只是严重程度和持续时间长短不同而已。有的年份干旱持续，这种烟霾可持续一两个月，甚至更长。虽然不少国家都有一些行政规定或法律禁止烧荒，但执行起来有很大难度，效果普遍不佳。在我国也大体如此，近年来有些省份已有好转。农业国家种植和收获了大量粮食等作物，就必然产生大量的秸秆。过去农民用秸秆烧饭、作饲料、盖房子，现在我国多数农村都通了电，有了煤气和沼气，住了砖瓦房，农业又连年丰收，余下的秸秆就更多了，因此如何处理秸秆要有个出路。只规定不许焚烧秸秆，秸秆又没有别的出路，这就是各地政府的一个难题。怎么办？欧美国家也种植大量粮食等作物，虽然品种有所不同，但也同样产生大量秸秆，发达国家是怎么处理的呢？除了作饲料，多数是卖给工厂燃烧发电，然后将电力进入地方电网。这种电能也是清洁可再生能源。被称作生物能源或生物质能源。我国从 20 世纪 90 年代已从国外引进了这种技术，国内也生产了这种设备，但使用的还不很多。问题是多方面的，有思想认识问题；有办发电厂的资金问题，办小了效益不好，办大了资金不够；有收集和运送秸秆的具体问题，山区、地块太小、太分散也不好办；还有发电厂的技术问题等等。但是如果上下都重视，共同努力，这些问题总能设法解决。这将是下一步我国解决农业现代化和三农问题的一大课题。

笔者作于 2013 年 7 月

美国的无线防灾预警系统——NWR

当今世界各国气象部门都使用多种媒体来发布灾害性天气警报,美国也不例外。除此之外,美国国家海洋与大气局还根据其突发性灾害多,且预报时效短的特点,搞了一个全国性无线防灾预警系统。近几年,他们还和联邦通信委员会紧急预警系统(EAS)联合,建成了一个美国全灾害紧急预警系统。但是,该系统的名称仍然沿用了原有的名称——美国国家海洋大气局天气无线全灾害广播系统(NOAA WEATHER RADIO ALL HAZARDS SYSTEM),简称NWR。广播时又称“国家天气之声”。

这个网络系统覆盖了全美50个州,还包括波多黎各、维京岛等海外领地以及近海海面;共用了7个广播频率,全国有940个发射和转播台,24小时不间断地工作。由于所用频率都是甚高频(VHF),一般收音机无法收到其广播,而要用一种特殊的收音机——“天气收音机(Weather Radio)”。购置了这种特制的收音机后,可向机内输入使用者所在地的一个或几个地名的数字代码,遇有这个地方的灾害警报时,“天气收音机”会被一信号自动激活和打开,然后发出警示音,并开始广播。这种收音机是根据国家海洋大气局设定的标准,由无线电厂商制作。在一般电器商店都可买到。实际上,这种收音机通常多与常规收音机结合在一体,实行一机多用。不管有几种功能,只要发布警报,其他功能一律被停止,转而广播警报。收音机的型号也多种多样,有台式的,也有车用和便携式的,有的还和手机、报话机或掌上电脑相结合。价格从20美元到200多美元不等。

警报的内容,大多是气象灾害,包括:大风、暴雨、暴风雪、沙暴、大雷暴、冰雹、山洪、洪水、龙卷风、飓风等等。还有与气象相关的自然灾害,如森林和草原火灾、泥石流、雪崩等。再有就是相邻学科的自然灾害,如地震、海啸、风暴潮、火山爆发等等。近几年警报内容又扩展到了环境灾害，如有害化学物的泄漏、挥发、油气井喷发、爆炸、油轮漏油污染水面、核电站泄漏的核辐射污染等等。由于与联邦通信委员会的紧急预警系统相结合，警报内容更进一步扩大到社会的，甚至于人为的事故和灾害方面。如火车出轨、海上船舶碰撞、翻船事故、17 岁以下少年儿童被拐骗劫持且有生命危险等等。再有就是恐怖分子的袭击。这当然是近几年的事。所谓社会灾害，指的是关系到人的生命安全，情况紧急，必须立即采取行动以挽救和抢救人民生命的灾害信息，而信息必须是政府机构及其授权机构通过正式渠道发布的。可以看出，这个预警系统，实际上是利用天气警报广播系统这个平台，增加了其它各种自然和社会灾害的内容，几乎是无所不包。而警报的内容不仅有预警，也有是实况通报，如地震和森林火灾等；还有就是要求采取行动，如命令撤离等。

这个系统由国家海洋大气局和联邦通信委员会紧急预警系统共同领导和主持，由国家海洋大气局主要承办和实施。各种气象灾害警报，是按国家天气局的标准，由国家海洋大气局所属和授权的气象台及有关单位，如国家飓风中心、强风暴中心等在一定的地区内发布。其他有关授权部门要发布警报，须根据联邦政府的有关法律和规定以及与国家海洋大气局的相关协议，把警报内容通过正规渠道传给气象部门，由气象部门在一定地区广播发布。

这个系统的宗旨很明确，就是通过发布各种灾害警报，以尽量避免和减少人民生命的危害，拯救和挽救人民的生命。它的优点包括：覆盖面广达全国 50 个州，95％以上的人口；并且系统全天 24 小时不停地运转；再者，警报的内容包括各种不同的灾害；这个系统虽然是全国性系统，但只对可能发生灾害的地区广播，而使其他地区免受无关灾害信息骚扰；由于这个系统设备简单，普通民众投入很少，用美国人自己的话说："只要花买一双鞋的钱，购置一台收音机。"。而该系统最为突出的特点是：警报信息的迅捷性和侵入性的传递方式。不管听众处于何种状态，是工作或休息，也不管是愿意或不愿意，警报会自动传达到。这是它和电视、广播等其他媒体所不同的特点。而它的这些特点，对于突发性的和难于预报的灾害，如山洪暴发、泥石流以及预报时效特短的灾害如龙卷风、冰雹等都是很好的。

加拿大环境部也在该国建了一个类似的无线天气广播系统，并在不断的改进和更新。事实上，因为加拿大大部分居民都住在靠近美国边境一百公里以内地区，因此有些加拿大人也在使用美国的这个警报系统。

存在的问题是，不少美国人只知道有天气警报广播（WEATHER RADIO），不知道有灾害警报系统。在龙卷风等灾害频发的中部地区，群众对天气警报广播系统还比较感兴趣，而不少其他地区的人认为自己是安全的，通过电视或网上了解一下预报和灾情就可以了，不愿有更多灾害信息的侵扰。因此，要实现这个系统的目标——把警报发到各个单位和各家各户——还将有一段漫长的道路要走。

第三篇

科 海 史 话

解读《联合国气候变化框架公约》和《京都议定书》

联合国气候变化框架公约

《联合国气候变化框架公约》即 UN Framework Convention of Climate Change。1990 年 11 月，由世界气象组织和联合国环境署等国际组织联合发起召开了“第二次世界气候大会”。在那次大会上，许多国家代表团和科学家呼吁联合国采取行动，抑制全球气候迅速变暖。为此，联合国大会于 1990 年 12 月 21 日做出了 45/212 号决议：“为人类的现在和未来而保护气候”。

决议中决定设立气候变化政府间谈判委员会，就制定气候变化框架公约进行谈判。1991 年 2 月，气候变化框架公约第一轮谈判在美国华盛顿举行，到 1992 年 5 月 9 日达成协议，前后历时 15 个月，共举行了五轮六次的谈判。中国政府派出的代表团参与了自始至终的谈判，代表团成员包括外交部、国家气象局、国家环保局、能源部、国家科委、国家计委等部门的代表。

1992 年 6 月 11 日在巴西里约热内卢召开的“联合国环境与发展大会”期间，李鹏总理代表中国政府签署了《联合国气候变化框架公约》，成为第 61 个签署该公约的国家。1993 年 1 月，全国人民代表大会常务委员会正式批准了该项公约。联合国收到 50 份批准书后的 90 天，即 1994 年 3 月 21 日正式宣布《联合国气候变化框架公约》生效，该公约便成为世界上第一个关于气候变化的国际公约，而我国则成了该项公约的“缔约国”。

《京都议定书》

《京都议定书》的正式名称是《联合国气候变化框架公约的京都议定书》(Kyoto Protocol to the UN Framework Convention of Climate Change)。从它的全称可以看出,《京都议定书》只是气候变化框架公约的一个附属条约。联合国大会的决议中就明确规定这个公约是“框架公约”。

“框架公约”是一种类型的国际条法,其特点是公约内容比较原则,带有纲领性。在这个纲领原则指导下,它还可以包含若干个附属性的条法文件。比如最近生效的《烟草控制框架公约》就属于这类公约。在《联合国气候变化框架公约》的第17条——“议定书”一节内,就提出了要由公约缔约方谈判和缔结议定书。《联合国气候变化框架公约》于1994年生效以后,1997年12月在日本京都召开的第三次缔约国会议上,根据公约规定的原则,即“共同的但有区别的责任和各自的能力”,以及公约设定的目标,就削减温室气体排放量和进度达成了协议,该协议书就被称为《京都议定书》。可以说,《京都议定书》是《联合国气候变化框架公约》的第一个“实施细则”。

1998年5月29日,中国政府正式签署了《京都议定书》,并于同年8月30日向联合国递交了批准书,2002年又核准了批准书,从而完成了我国加入该项议定书的法律程序。根据《京都议定书》的规定,要有排放量超过全球总排放量55%的55个以上的缔约国签署该议定书后90天,《京都议定书》才能正式生效。俄罗斯于2004年11月6日正式批准了该议定书,满足了上述两个条件,因而2005年2月16日《京都议定书》正式生效。《京都议定书》的生效意味着人类社会从认识到要抑制全球气候的变暖,向采取具体行动来抑制全球气候的迅速变暖迈出了重要的一步。

《联合国气候变化框架公约》明确规定了削减温室气体排放采取分步实施的原则。在公约的第三条指出:发达国家缔约方应当率先对付气候变化及其不利影响。因此,《京都议定书》作为《联合国气候变化框架公约》的第一个议定书,只规定了发达国家缔约方在2008—2012年间,将其总排放量在1990年的水平上平均减少5%的任务。而对广大发展中国家的缔约方,包括中国在内还没有规定具体的减排任务。中国虽然人均排放量较少,但排放总量已仅次于美国,且排放量增长很快,令世人瞩目。在今后的议定书中,我国肯定要对限制或稳定我国温室气体的排放做出具体承诺,这对中国无疑将是一个巨大的压力。

笔者作于2005年3月

收集雾水缓解水荒

淡水资源的短缺是当今世界许多国家面临的一大生存环境问题。有些偏远地区常年干旱少雨,既不靠河,又不靠湖,地下水又很深,难以打井,以至于人畜饮水和人们生活必需的用水都无法保证,这就形成了水荒。为了生存,当地居民想出各种方法来获取和保存淡水。比较常用的方法是积蓄雨水和雪水。在国外有些山区、沿海岸和海岛多雾的地区,也有人用收集雾水的方法来缓解水荒。目前,使用这种方法的国家已经越来越多。

我国不少地区也存在着水荒问题,但至今还未听说有收集雾水的。是否在有条件的地区也可以试一试采取收集雾水的方法呢?

雾也被称为隐性降水,收集雾水就是要把隐性降水变为显性降水。雾滴的直径很小,一般只有 1～40 微米。如果能利用一种物质作媒介,使雾滴经过碰撞变成水滴下流,就可以收集并加以利用了。

让我们来看看南美一些国家是如何收集雾水的。在智利北部一个叫楚功沟的小渔村,年雨量很少。1987 年,智利大学和加拿大合作,在这个村附近——距海岸仅 0.5 公里的山坡上搞了一个收集雾水的项目。他们将一张长 12 米、宽 4 米的大网用几根柱子支撑,垂直地竖立在地面上,面对着向风方。网的顶部距地面 6 米高,网下有 2 米是空的,但有一水槽,可以把从网上流下的水引向一个蓄水池。这种网是由聚丙烯丝织成的,双层,网眼很小,网丝约 1 毫米粗细。从 1987—1992 年,他们从 75 张网上平均每天收集 11 立方米的水,然后把水引向山下的村子里。全村 340 人,平均每人每天可得水 32.4 升,大约两大脸盆的水,村民的生活质量由此大大改善。这种网具有抗紫外线辐射功能,其价格是每平方米 0.25 美元,相当于人民币约 2 元,可用 10 年,现在在英、美等许多国家的市场上均可买到。总的说来,这种方法简单易行,价格低廉,实用性强,确实能解决当地居民的实际困难。可以说，它是一种不用飞机、高炮的人工“增雨工具”，也是一个有效利用气象资源以造福人民的实例。

收集雾水的实效与雾的出现频率、浓度、风力大小有关，因而各地有所不同。有的地方因季风关系，雾的季节性很强，当地就利用这种方法植树造林，也能取得比较好的效果。据报道，在中东的沙特阿拉伯等地的沿海干旱地区也在采用这种方式收集雾水。

必须说明的是，不是有雾的地方都可以收集雾水。一般而言，在高山上经常云雾缭绕、风力较大的地方，在沿海几公里之内的山坡上，以及在海岛的山坡上都比较容易收集。这种能收集雾水的雾，多属平流雾或地形抬升雾。至于平川地区的辐射雾，太阳一出，雾就消散，是无法收集的。此外，平川雾滴含水量少，含杂质多，即使能收拢，水质也不会好。

这些方法给我们一个启示，就是解决水荒问题要因地制宜。现有的收集雾水的方法是科技工作者在渔民利用渔网收集雾水的方法上改进发展起来的，实用性和经济效益都大为提高。气象工作者的任务在于利用气象资料，如雾的频率、风力、风向、地形等，选定收集雾水设施的最佳位置等

笔者作于 2009 年 3 月

世界气象日主题选释

从1961年至2008年，在历届48个世界气象日主题中有一部分主题，因为涉及气象行业内的专业问题，所以，需要进行特别的说明才能使读者有所了解。本文将从专业的角度重点解读某些具有代表性的气象日主题。

1973年的世界气象日主题是“国际气象合作100周年”。因为这一年是世界气象组织的前身国际气象组织（IMO）成立100周年，而气象的国际合作也从这时开始，为此世界气象组织举办了盛大的庆祝活动，并通过设置气象日的主题来庆祝，中国气象部门也派出代表团出席了活动。

1966年和1981年的主题都是“世界天气监视网”。这是世界气象组织于20世纪60年代初组织的一个庞大的国际气象业务计划。它分为三个系统：全球观测系统，规定了全球气象观测台站，包括地面和高空站的设置，观测的项目、内容、时间、编码和发报规程等，各国都按照统一的规定来观测和发报，气象资料可以相互识别、比较和利用；全球通信系统，规定了全球气象通信传播的种类、方式（如无线、有线、卫星通信等）、路由、规程、发报用的格式和电码等，统一的规定使得气象观测资料能以最简便、快捷的方式和速度传递和接收，并由计算机识别和处理；全球资料加工系统，规定了各国气象台和气象中心根据收到的观测资料进行产品加工（包括天气图、预报图等）的层次、绘制的规格和标准等。这样，各国还可以利用其他国家的加工产品来制作本国的天气预报、警报以及其他各种气候服务产品。

1982年的主题是“空间气象观测”。日常我们所看到的天气现象，如风、云、雨、雪、雾、霜、雹等都是发生在大气层里。在大气层以外，既没有空气，也没有上述天气现象。空间天气指的是在大气层以外的其他现象，主要是太阳表面能量的一些变化，如太阳辐射强度、紫外线强度、太阳磁场和磁场爆发等，这些因素影响无线电波的传输和地面通信，也影响着卫星和宇宙航行的安全。太阳辐射的变化对地球上的气候也有影响，因此，要对这些要素进行观测与预报。

1983 年的主题是“气象观测员”。目前虽然已经有了自动气象站，但绝大部分的观测还是由气象观测员来进行的。这些气象观测员要经过专业培训，要能吃苦耐劳，具备敬业精神。很多气象站是设在高山、海岛、沙漠、荒原、丛林中，生活条件十分艰苦，气象观测员常常要值夜班，观测要十分准确。这是一项崇高而神圣的职业，没有他们日夜艰苦的劳动就不可能有准确的天气预报和气象信息。气象日的主题是希望人们不要忘记他们，并向他们致敬。

1987 年的主题是“气象与国际合作的典范”。气象领域的国际合作广泛而紧密。这是由于各国制作天气预报，必须得到国外的气象观测资料，19 世纪时首先使用无线电广播传递资料，后来改为有线电路，现在又用卫星通信，彼此交换、互不收费。20 世纪 60 年代出现了气象卫星，现在美国、俄罗斯、日本、欧洲、中国、印度都有了自己的气象卫星，卫星图片、资料对世界各国公开，完全免费，没有任何商业利润。这种互助合作有利于各国的防灾减灾，也有利于各国的经济发展，的确值得各行各业效仿。

1988 年的主题是“气象与宣传媒介”。主要是指天气预报、警报以及其他信息是人民群众防灾、避灾及安排生活的重要信息，需要通过各种媒体来发布，它既要及时，又要便捷，还要通俗易懂，让人喜闻乐见。这就需要气象部门与宣传媒体密切配合，不断创新。同时，气象信息的发布也随着传播手段的发展而发展，通过报纸、广播与电视节目、电话、手机短信等媒介来发布。目前，通过互联网来获取气象信息也很普遍。

1991 年的主题是“地球大气”。大气中 75％的空气质量是在距海平面 11 公里高度之内，地面上的各种天气现象主要发生在这个范围之内。气象界一般认为距海平面 100 公里高度的地方是大气层和外层空间的分界。有了地球大气，地面就有了氧气、河流、湖泊、海洋和各种生物，也才使人类的生存成为可能。地球大气中含有臭氧，它能吸收阳光中的紫外线，使人类不至于受到过强紫外线的辐射与伤害；地球大气还有“温室效应”，它使地表面昼夜的气温差异不太大，适宜于人类的生存。

1993年的主题是“气象与技术转让”。发达国家和发展中国家科学技术水平差异很大，在气象领域也是如此。很多发展中国家呼吁发达国家对他们进行援助，提高他们的气象服务水平，帮助公众抗御气象灾害。发达国家也进行了一些援助，如出售或赠送仪器设备，包括电脑、雷达等。但是很多发展中国家的技术人员并不会使用与维修这些仪器设备。于是，技术转让的问题被提出。技术转让就是指技术传授，不单是提供设备，还要培训人员，传授技术。提出这个主题是再一次呼吁发达国家向发展中国家转让气象领域的技术。这种转让可以是免费的，也可以是收费的。

1994年的主题是“观测天气与气候”。天气和气候，与人们生活息息相关。气象人员预报天气需要观测各地大气中的一些要素，如气温、气压、湿度、风向、风力、雨量、云、太阳辐射等。不仅要观测地表面的要素，还要观测高空各层大气的要素。目前这种观测是通过全球各国设在各地的气象站，按统一的时间和标准来进行的。有人工观测，也有自动气象站观测；有高空气球观测，也有天气雷达观测；还有气象火箭和气象卫星的观测。

1995年的主题是“公众与天气服务”，2000年气象日的主题是“气象服务五十年”。这两个主题内容相近。从1950年世界气象组织成立算起到2000年的50年里，气象科技有了很大的进步和发展。与此同时，气象服务，主要是天气预报有了很大的发展：一是预报准确率有了很大提高；二是各种媒体争相用各种方式来传播和宣传天气预报，使它深入千家万户，很多人养成每天必看天气预报节目的习惯；三是天气预报深入到防灾减灾、国民经济的各个领域，不仅减少人民生命财产的损失，还为社会创造了巨大的财富。正因为如此，各国政府和社会对气象工作越来越重视。

2002 年的主题是“降低对天气和气候极端事件的脆弱性”。天气和气候极端事件指的是多年不遇的严重天气和气候现象，如大范围的严寒和冰冻，超强的大风和台风，极猛烈的暴雨、山洪，异常的高温酷暑等。由于事前防备不力，往往造成人民生命和财产的惨重损失，这就是社会应对极端天气和气候事件的脆弱性。要降低社会对极端事件的脆弱性，就是要加强防备，这需要由政府组织、有关部门包括气象部门参加，对各种可能发生的极端事件提出应对方案，并做出迅速的应急反应。

2003 年的主题是“关注我们未来的气候”。气候在不断变化，近三四十年来全球气候在变暖，全球平均气温较过去升高了 0.6 ℃。气候学家的主流意见是由于百年来工业的发展，人类向大气层排放了大量的二氧化碳等温室气体引起气候变暖，这种趋势还将发展下去。因此，各国要减少温室气体的排放。在联合国主持下，世界各国已经签订了《联合国气候变化框架公约》和《京都议定书》，目的即在于此。同时，不得不提的是，目前的气候科学水平还不可能准确地预测出未来的气候变化，即气候变化还有不确定性。事实上，近几年来气候变暖的势头已经减弱，一些地区出现了多年少有的寒冷天气。从历史上看，气候也是冷暖时段相互交替，一个时段可以延续几百甚至上千年。几个世纪前并没有工业排放温室气体，那时的气候也曾变暖，这说明影响气候变化的因素还有很多，不仅仅是温室气体的增加。但是，不论今后气候如何变化，即便气候变冷，减少温室气体的排放对人类都是有益无害的。因为，减少能源消耗、提高能源效益、改用清洁能源，都有利于提高社会经济利用率、净化人类生存环境。

笔者作于 2009 年 3 月

火山爆发与天气气候

冰岛南部于3月20日起发生火山爆发,其间一度停喷,至4月14日再度喷发,且喷发强度加大。它向大气层中喷发大量的熔岩、尘土和气体,不仅使北欧几国烟灰弥漫,甚至昼夜难辨,还蔓延扩散至欧洲大部和北美地区。

全球火山爆发概况

对于此次火山爆发的影响,从全球火山爆发历史的全貌和比较中能够更清楚地加以认识。

据近几十年资料统计,全球每年发生火山爆发50次至70次,而且次数呈缓慢增加的趋势。火山爆发按其喷发出熔岩的体积和喷发的高度,划分成8个强度等级。中低强度的爆发每年都有,6级以上的强爆发要几十年才会有一次。约有10%的火山一天就完成了喷发,有的断续喷发几周,个别的断续喷发几年,平均下来喷发时间为7天。一次5级强度的爆发,其喷出的熔岩和火山灰的体积达1立方公里,并伴有大量二氧化硫等气体和水汽;喷出的高度可达25公里以上;熔岩的温度达700～1200℃。但也有一些火山,其熔岩只从火山口流淌出来,同时,有一定量的气体和水汽喷出。

火山本身所造成的灾害主要由其高温熔岩和突然下降的大量火山尘土所致。最严重的要数意大利南部的庞贝,公元79年8月维苏威火山突然爆发将整个庞贝城瞬间掩埋在火山尘土之下。1985年哥伦比亚的路易斯火山爆发火山熔岩和泥石流导致2.2万人被掩埋。近几百年来,活火山口附近已很少有人居住。但火山熔岩所到之处,森林、草木、农作物、房屋悉数被毁。

火山爆发与天气

火山爆发的附近地区常多强的阵性降雨,这由火山爆发时伴有强的上升气流和水汽的喷出所致;这些地区雷电也特别多,原因尚不清楚。大块的火山熔岩和土块一般坠落在火山口附近,小块的可坠落到十几公里或几十公里之外。再小些的尘土甚至可顺风落在上百公里之外的地方,其来势甚猛。

1980 年 5 月 18 日位于美国西海岸华盛顿州的圣海伦火山爆发,是一次 5 级(中等)强度的爆发。瞬间火山熔岩和灰土冲上了 24 公里的高空,喷出的熔岩和火山灰达 1.2 立方公里,覆盖 6000 平方公里的地面,波及美国 11 个州,烧毁和掩埋了不少村庄、房屋和森林,此外,24 公里的铁路、300 公里的高速公路被毁。几十里内暗无天日,远甚过强沙尘暴,几十里外人们仍有灼热和窒息感,事后地面上还积了一层厚厚的火山尘土。火山爆发还会使其顺风方下游产生一种火山灰雾(由火山灰和水汽结合而成),弥漫多日,不仅能见度很差,而且因其含有硫化物,对人体呼吸系统有明显伤害。因此,遇有火山爆发,政府一般都会让居民迅速撤离到至少 25 公里至 30 公里之外的地区,实际上是越远越好。

火山爆发时常喷出大量的二氧化硫,它与空中水汽结合成为硫酸,降下来就是酸雨。这种大面积的酸雨能腐蚀森林、树木、农作物、建筑物;酸雨降到湖泊、水库和水塘中,还能使水质酸化,损害鱼类和其他水生生物。这种雨水一定不能作为储备用水。

火山爆发对人类在大气中活动的最大威胁是飞行安全。由于微小的火山灰可以喷射到平流层高空,而飞机上雷达的荧光屏对这种颗粒极为细小而近乎透明的火山灰反应不明显,飞机驾驶员的肉眼也难以察觉,特别是在夜间;而它们在空中停留的时间又可以很长,大量细小的火山灰进入飞机引擎,使引擎不能充分发挥其动力作用,有时甚至熄火。近 30 年来,先后有 90 多架民航飞机遇到火山灰云,并不同程度受损，几次险些机毁人亡，可见其威胁之大。

火山爆发与气候

火山爆发时，除熔岩、尘土外，还喷发出大量的气体和水汽，气体包括二氧化硫、二氧化碳、一氧化碳、硫化氢和氟等。其中大量的是二氧化硫，其与水汽结合后变成硫酸，除部分下降成为酸雨外，还有大部分转化成为硫酸盐气溶胶漂浮在平流层高空。由于其颗粒极为细小，因此漂流的时间可以很长，几个月、一年、甚至两年，漂流时间长了它就能比较均匀地遍布全球。这种气溶胶能反射阳光，同时，又可让地面的长波辐射透过，射向地球之外，这样就减少了近地层所能获得的太阳辐射，从而使地面气温下降。越是强的火山爆发，喷发出的二氧化硫量越大，其对地面的降温作用也越大。

1991 年 6 月，菲律宾皮纳图博火山爆发，这是一次强度达到 7 级至 8 级的强爆发，近几十年来从未有过。这次爆发喷出的二氧化硫达 2200 万吨。正是这次皮纳图博火山的大爆发导致 1992 年全球平均气温下降 0.5 ℃。更有甚者，1815 年 4 月印尼的坦博拉火山大爆发，是上千年来最强的一次，这次爆发之后的第二年(1816 年)，全球平均气温下降了 3 ℃。欧美许多国家这年夏季气温特低，美国纽约这一年每个月都出现霜冻；英格兰 6 月下雪；北半球大部分国家粮食绝收或严重减产，仅法国、瑞士就有 20 万人死于饥荒。这一年被称为“没有夏天的年份”。1816 年是清朝嘉庆二十一年，我国南北各地也都灾荒严重，如河北记载：“嘉庆二十一年，春三月，风霜损麦，夏四月风雹伤人畜无数，嘉庆二十二年大饥”；哈尔滨县志记载：“农历七月十四、五，连降大霜，农田受灾，仅有四成之年，移垦受挫”；云南昆明县志记载：“嘉庆二十一年二、三、四月大旱，溪水断流，河塘水尽涸，小熟无收，米价飞贵，民多拾海粉菜以充饥”。虽然所能看到的记载很零散，但可以看出这一年我国灾害也很严重。

火山爆发和地震一样至今还无法预测，因而当今的气候模式对未来几年和几十年的预测都没有把火山爆发因素考虑在内，除非火山已经爆发。因此，可以说，火山爆发是气候变化过程中的一个重要的不确定因素。它甚至能使气候变化的进程产生突变。

冰岛火山爆发的强度及其影响

就目前冰岛火山爆发的强度，地球物理专家的意见是中等强度，有人认为达到了 5 级，也有人称其为次气候级，即不会对全球气候造成影响的强度。其主要影响中北欧。这是对截至目前的情况而言，如果火山持续喷发，甚至强度再加大，那就另当别论了。

冰岛火山爆发最直接的影响是航空。全球有近 30%的空中运输受到影响，超过 10 万的航班停飞，300 多个机场一度瘫痪，680 万旅客滞留机场，滞留北京的旅客也曾多达 8000 多人。这主要是由于中北欧是个经济发达、人口较多、航线特别密集的地区。也有人认为欧洲航空业界对此有些反映过度。

火山爆发是民航飞行的灾害性天气。20 世纪 80 年代以来，国际民航组织和世界气象组织召集了多次研讨会和专题会议，研究应对此种灾害的办法。目前，比较好的方法是利用高分辨率和高频次的卫星云图来监测火山灰的走向，向有关航线的飞机发出警报。问题是在卫星云图上火山灰和高云有时也不易分清，这需要分析人员积累经验、连续细心跟踪监视才能较好地做出预报。国际民航组织还在世界的几个地区安排了警报中心。尽管如此，火山灰云仍然是民航飞行需要防范的一种灾害。通常的做法是避开火山烟灰区或停飞。

其次是对环境和人体健康的影响。火山爆发使其邻近地区冰雪融化，造成了一些河流发生洪水，但所幸这一带人烟稀少，且人已撤走，影响并不严重。对人体的影响主要是火山灰和其他气体的微粒，被人体呼吸后易造成呼吸道疾病。世界卫生组织已呼吁北欧等国居民外出时戴上口罩或面罩。而其引发的酸雨主要是对种植业，如农产品、花卉、果树等的生长不利，其次对湖泊和池塘里的鱼类造成伤害。以上这些影响也主要限于北欧和火山烟云浓重的地区。

对气候的影响目前还是北欧、中欧和北美。这些地区今春原本就偏冷，大量火山灰遮蔽阳光会使这些地区更偏冷一些或偏冷的时间更长一些。对全球或更长远的影响还要看火山以后活动而定。

火山爆发对社会、经济的影响是广泛的，多数是滞后的，需要由各行业专家以后来评估。

4 月 20 日 13 时许，受冰岛火山灰影响滞留荷兰阿姆斯特丹机场 100 小时的 102 名旅客，搭乘荷兰皇家航空公司航班顺利抵达上海浦东国际机场。这是冰岛火山喷发以来，自欧洲受火山灰影响较严重地区飞抵上海的首架航班。

笔者作于 2010 年 4 月

气候资源的利用

突破北纬18°——在我国开发种植天然橡胶气候资源的故事

这里要讲述的是一个原本不种植橡胶的国家如何通过开发和利用气候资源成为全球种植和生产橡胶大国的故事。

天然橡胶原是生长在巴西热带雨林中的一种乔木，其树干流出的白色浆液凝固成胶块，具有弹性，当地人用其制成小球玩游戏。以后欧洲人将其加工成橡胶，后来又发明了轮胎和充气轮胎。19世纪，随着汽车、飞机、摩托车、自行车的大发展，橡胶就成了热门工业原料，赤道附近的各国开始开发和种植橡胶林园。到20世纪橡胶由于其弹性、耐磨、耐压、轻质等特性，已经成为现代社会四大基本工业原料（煤炭、钢铁、石油、橡胶）之一，先后在纽约、上海等期货市场上市。

在中国种植橡胶之前，世界上已有42个国家种植橡胶：有南美的巴西，亚洲的印尼、菲律宾等，非洲的尼日尔、尼日利亚等。这些国家都处于北纬15°至南纬10°之间，属于赤道热带雨林气候区。专家们认定除此区域之外，都不能种橡胶。

我国除西沙、南沙等岛屿外，领土都在北纬18°以北，处于橡胶种植“禁区”。因此新中国成立前我国不生产橡胶，但经济发展离又不开橡胶。新中国建立不久，紧接着就是抗美援朝，美国等西方国家对中国实行禁运，橡胶成了我国的紧缺战略物资。

所幸的是，有人发现在云南有的地方早年华侨从国外带回的橡胶苗木和种子试种成功，虽属个例，但党中央还是决心探讨在我国大规模种植天然橡胶的可行性。

当时，由时任副总理陈云主持这项工作。林垦、气象方面的专家多次讨论，并进行橡胶种植试验，专家中包括我国气象界老前辈、当时的科学院副院长竺可桢和吕炯以及后来的江爱良等。

1951年8月，政务院第100次会议做出了“关于扩大种植橡胶树的决定”。1951年冬，由部分高校师生、有关研究机构的科研人员、专家等组成的上千人的调研队伍深入海南岛、雷州半岛、云南等地，观测、测量，收集气候、土壤等资料，进行分析、对比，得出最后结论：在我国南方北纬18°至24°间的部分地区具有种植橡胶的气候条件。

这一结论打破了国外权威认为中国不能种植橡胶的断言。毛主席和周总理十分欣喜，决定设立华南垦殖局，任命时为中共华南局第一书记的叶剑英兼任局长，由他来任总指挥，准备大干一场。

为什么国外专家和中国专家对种植橡胶的气候资源认识不同？这是因为在此之前，所有国家的橡胶园林都是在北纬15°至南纬10°之间，而在此区域之外的地区有很多种植失败的例证。因此，他们认定橡胶只适合在赤道雨林气候条件下成长。

北纬15°至南纬10°之间的这一地区全年温差小，平均温差一般不超过5 ℃，日较差大于年较差，月平均温度都在18 ℃以上；年降雨量一般都在2000毫米以上，年际变化较大，降雨多为阵雨，且基本无连阴雨；日照充足，风速很小；在此区域内基本没有或很少有台风的侵袭。而我国北纬18°至24°的地区属热带和副热带季风气候区，其年平均气温要比赤道地区低，全年温差要大些，年降雨量也要少些，还有低温、干旱、连阴雨及强台风等灾害。

赤道雨林国家具有种植橡胶的充分气候条件，虽然比我国要优越，但也并不是绝对的。如橡胶生产大国印尼和菲律宾等都处于环太平洋火山带，每一两年就会有火山爆发、海啸等灾害；而且在北纬10°至15°的地区偶然也会有强台风侵袭，如2012年12月，台风“宝霞”和“悟空”就给菲律宾北纬10°附近带来重大灾害；另外，几乎每年都有森林火灾发生的可能。

我国海南岛最南端是在北纬18°，但专家们经论证后认为，我国种植橡胶的气候条件虽不如赤道雨林地区国家，但就温度、雨量、积温、热量、日照等各方面数据看，已能满足橡胶树的正常生长需求，且几种灾害发生的概率都足够低。

这些气候条件能维持橡胶树正常生长，在种植时选择当地适当的地理和小气候条件，如一定的海拔高度，是谷地还是坡地，是阳面还是阴面等，就可以保持其是否能够基本稳产，因而可以大面积种植橡胶树。

1952年国家调集了上万名解放军官兵进驻海南岛、雷州半岛、云南的西双版纳等地，带领当地群众开山、垦荒，种植了第一批橡胶园林。当时这些地方人烟稀少，生活条件艰苦。

橡胶园林的发展大体分几个阶段：20世纪50年代，当地政府、林垦部门陆续建立了不少橡胶园林和华侨农场；"文革"期间，生产建设兵团又组织下乡知青种植了大批橡胶树；改革开放后，一些个人资本进入这一领域，建立了一些民营橡胶园林；20世纪90年代，在退耕还林的政策实行后又有些山民和农民在自己的承包地或山坡上种植了橡胶树，少则几亩，多则几十上百亩。近几十年，我国种植橡胶地区也随全球气候变暖而改变，气候变暖对橡胶的种植生长有利。

正是由于我国恰当开发利用了这一气候资源，使我国成就和发展了一个完整的天然橡胶产业链，从橡胶树的种植到割胶到粗加工再到生产出橡胶、轮胎和其他橡胶加工制品，填补了我国工业领域中的一大空白，为我国创造了可观的工业原料和物质财富，带动了经济发展。特别是改革开放后，我国的橡胶产品有力地支撑了我国汽车、飞机等工业的高速发展。这就是气候资源开发利用的经济效益和价值所在。

几十年来我国橡胶的种植面积一直在扩大，橡胶总产量也一直在增长。目前，我国橡胶的主要产区是在海南和云南南部，其次是在广东的雷州半岛和阳江一带，广西沿北部湾一带地区以及福建的漳州等地。到1981年，我国橡胶树的种植面积和总产量已分别居世界第四位和第五位，成为世界橡胶种植和生产大国。

各国对我国的这一成就都刮目相看。1982年全国科技大会特别授予“橡胶树在北纬18°至24°大面积种植技术”科技重大成果发明一等奖。

回望历史，为何我国科研人员能够突破一直以来“橡胶种植禁区”的限制，关键在于分析、论证和掌握了种植橡胶树的必要气候条件，强调了对气候资源的利用，发挥了气候资源的价值。

如今在橡胶领域的国际竞争仍然十分激烈，各国都在扩大橡胶种植面积并增加产量。到2010年，我国橡胶种植面积已达1508万亩，居世界第四位；年产橡胶68.7万吨，居世界第五位。依然是全世界天然橡胶生产大国。我国西双版纳连续9年橡胶单产高居全球第一，平均亩产达138.37公斤。美国虽早已开始生产人工合成橡胶，但到目前为止，其性能，如其弹性、抗压能力等还是不及天然橡胶。因此，天然橡胶目前仍然是国际期货市场上的热门资源商品。

近些年，由于汽车工业的崛起，汽车、电动摩托车、自行车、老人用的轮椅等需求量和出口量都很大，我国已经悄悄超过美国这个汽车轮子上的国家，成为世界第一大汽车产销国和天然橡胶消费国。

但是，我国目前消费橡胶的70%还是要靠进口。这说明对天然橡胶的需求量仍然很大。因此，要建成小康社会和维持我国工业高速发展，天然橡胶产业也需要持续稳定发展。

过去越南南北方没有统一的时候南越种橡胶，北越不种。而现在南北统一了，北方（北纬17°以北）也开始种橡胶了；老挝过去也因国土处于纬度17°以北，不种橡胶，现在也在发展天然橡胶了。这也成了他们的重要出口资源和赚取外汇来源。

故事到此并没有结束，只讲了前一辈人和上一辈人在我国橡胶产业发展中取得的成就。至于以后我国种植橡胶的气候资源还有多大开发利用的余地？又该如何开发利用？天然橡胶产业又将如何发展和延续？这就需要由这一辈和下一辈人来演绎及记叙。

笔者作于2013年4月

黑龙江省的农业受益于气候变暖

全球气候变暖对世界多数地区包括我国多数省区可能是弊多利少，但也有部分地区是利多弊少。黑龙江省就是这样一个例子。

根据 IPCC 第一工作组的第三次评估报告(2001 年)，20 世纪全球气温上升了 0.6±0.2 ℃，升幅最大的是最后的 25 年。该报告资料显示，俄罗斯远东地区和我国黑龙江省在 1976—2000 年的平均气温比 1961—1990 年的气候平均值要高出 0.8～1.0 ℃，这一带是世界上变暖最多的地区之一，而黑龙江则是我国变暖最多的省份。

近 20 多年来的气候变暖使黑龙江省的农业发生了改观。由于生长季的活动积温平均增加了 50～100 ℃，积温带北移，生长期延长 7～10 天，夏季低温冷害的概率大大减少，从而使该省的农业布局和结构产生了较大的变化。

60 年代以前黑龙江是以谷子、玉米、高粱为主食，白面不多，大米很少。到了 70 年代后期由于积温明显增加，粮食结构才开始有了变化。1981 年全省水稻面积只占全省粮豆面积的 3%，1999 年上升到 27%，水稻种植面积增加了 9 倍，而水稻的产量占全省粮豆总产量的 37%；玉米种植面积增加了 64%，产量也大幅上升，占全省粮豆总产量的 49%；而春小麦、高粱等都相应减少。由于积温带的北移，水稻、玉米的种植带也北移，过去水稻一般种在哈尔滨、牡丹江、三江平原西部一带，虽然小片的试探性的种植曾在黑河甚至漠河种过，但不能稳产，有时有收成，有时就没有收成。而现在大面积水稻的种植北限已稳定在黑河(黑龙江边)、嫩江一带。水稻种植的气候带向北推移了 200～300 公里。水稻原本是热带、亚热带作物，现在把它种到了北纬 50°附近属于寒温带的地区，这在世界其他国家没有，在我国也是前所未有的。目前黑龙江省水稻的种植面积和产量在包括河南、山东在内的北方各省中是最大的。由于黑龙江夏季日照时间长，昼夜温差大，有利于聚集养分，所以这里大米的质量和口感都比较好，颇受各地人民的欢迎。

生长期的延长、活动积温的增高以及作物品种的改变，使黑龙江省粮食的总产量于近20多年来节节上升，1982年全省粮食总产量为1250万吨，2002年达到2940万吨，增长135%，而全省粮食总产量在同一时期的增幅是40%。在全国各省、区中，该省的粮食增长幅度最大。2002年黑龙江省以占全国2.8%的人口，生产了全国6.4%的粮食，成为我国生产粮食最多的省份。

实际上，黑龙江省的粮食产量在1996—1999年都曾超过3000万吨，近3年有所回落，但主要问题不是气候。其中主要原因之一是由于近几年来粮食价格连连下滑，国际市场和国内市场都如此，特别是大米，从而影响了农民和地方政府种粮的积极性。

根据IPCC第三次评估报告，各主要气候模式都预测21世纪气候变暖的幅度比20世纪更大、变暖更快。这为黑龙江省及其邻近地区的农业，特别是粮食的增产创造了更为有利的气候条件。但是，要全面建设小康社会，使农业有大发展，农民和农村能致富还需要有多方面的综合治理。

实际上，气候带的北移不仅有利于黑龙江省的农业，对我国的新疆、内蒙古以及吉林、辽宁等省、区也是有益的，程度不同而已。其实，气候变暖的受益地区还包括乌苏里江以东的西伯利亚大片土地，其气候条件与黑龙江省基本相同。原本是满清政府根据不平等条约割让给沙皇俄国的。最近，普京为表示与中国的友好，有言称愿意与中国共同建设西伯利亚。这也未尝不是发展我国农业的一个机遇。

从水果生长看气候资源

说起资源，人们所想到的是具体的物产，如矿产资源指的是煤、铁、石油等；水产资源指的是鱼、虾、蚌、海参、海带等；林业资源指的是各种木材、松子、木耳等等。但要说起气候资源人们就不知具体指的是什么，似乎只是一个抽象的概念。其实，它和别的资源一样，也是一种潜在的和可以开发利用的财富，所不同的是它要通过别的物质生产和活动才能显露出来。有了它就能够生长某种作物、果品、蔬菜、树木，没有它就生长不了。这里我们不妨通过几种水果的生长来认识一下气候资源。

芒　　果

先从毛主席送芒果的故事说起。1968 年 8 月初，巴基斯坦外交部长阿沙德·侯赛因来华访问，给毛泽东主席送了一箱芒果。8 月 5 日毛主席将这一箱珍贵果品转送给“首都工农毛泽东思想宣传队”。8 月 7 日人民日报在头版以整版篇幅报道了这一喜讯，轰动一时。为什么芒果能引起人们这么大的热情？首先，这是因为它是毛主席转送的，大家出于对毛主席的热爱；其次被群众视为珍贵“贡品”的芒果，绝大多数人从来没有见过，都想一睹为快。

其实，芒果不过是一种普通的热带水果，在亚洲热带国家产量很大。那时我国华南地区如闽南、两广南部、海南和滇南等地也都产芒果，只是因为产量不大，品种没有优化，特别是储存、运输不便，除华南地区外，其他大中城市基本没有销售，因此，我国绝大多数人不知芒果为何物，使它成了珍稀果品。而如今，到了芒果上市时我国不论南方、北方的大小城镇都有芒果卖，价格低廉，成为普通老百姓享用的水果。有些地方还把它制成果汁、果干、果酒之类的加工产品，有的还出口创汇。

之所以过去我们很少见到芒果，不是因为我们没有适合种植这种果树的气候条件，而是因为当时人们不懂得气候资源的开发利用，也就是说像巴基斯坦等热带国家生长优质芒果的气候条件——干热、少雨，在我国南方也不少见，特别是一些河谷地区如广西的右江河谷，云南的元江、怒江、澜沧江等河谷低地以及海南岛的西部等地都有。后来人们懂得了利用这种气候资源，开始大量引种优良品种的芒果或改进原有的品种，就产生了当前我国大小城市都有卖芒果的局面。我在广西百色看到当地利用荒山、荒坡大量种植芒果，既绿化、美化了荒山荒坡，又成为他们脱贫致富的一条路子，还丰富了我国人民食品的种类。反之，如果不开发利用这一气候资源，芒果就永远是绝大多数中国人民吃不到的珍稀果品。气候资源本身是看不见的，但通过芒果的生产我们看到了生长芒果的气候资源的存在及其可利用的价值。

猕猴桃

20 世纪 70 年代我到西欧去开会，第一次吃到了猕猴桃，当时还不知是何物，但又感到似曾相识，外国朋友说这叫 KIWI，产自新西兰，我查了英汉词典后才逐渐搞清楚它的学名和原名就是中华猕猴桃(Actinidia Chinensis)，原产在中国，长期为野生，《本草纲目》早有记载。

1906 年新西兰从我国湖北宜昌和陕西周至等地移植回国，并经多年选育、培植取得了突出的成就，使猕猴桃成为一种营养丰富且令人喜爱的水果，并作为他们国家的一种主打产品推向世界，经久不衰，风靡全球。新西兰也因此而更加闻名于世，西方国家也常把新西兰人就俗称为 KIWI。

我国从 20 世纪 80 年代起又把它引种回来，由于我国许多地方本来就有种植猕猴桃的气候资源，如陕西、陇南、豫西以及长江以南等许多省的山区都可以种植，所以，90 年代猕猴桃作为一种新的大众型水果在全国就普及开了。猕猴桃维生素 C 的含量特高，100 克果肉高达 100～420 毫克，而且这种木本藤生植物占地不大，单产很高。我在湘西看到，猕猴桃是结在像葡萄藤似的架子上，一根藤上能结 10 多个果实，十分喜人。他们不仅把一箱箱猕猴桃销往外地，同时加工成果汁、果酒、果酱，还与意大利签订了出口合同。这就使猕猴桃产业成为当地新的支柱产业之一。

回想我年幼在黔南念小学时曾吃过一些野生水果，其中就有刺梨和野生猕猴桃。后者当地人叫阳桃，个头比较小，小的如大枣，大的如鸡蛋，味道更酸一些，都是农民用篮子提到集市上去卖的，从不登大雅之堂，只有孩子们用一点零用钱买来解馋、尝鲜。比起现在的猕猴桃，野生的阳桃当然就逊色得多。

我国很多地方都有种植猕猴桃的气候资源，利用这一气候资源把猕猴桃引种回来并加以推广，使我国广大人民群众多了一种营养丰富而味美的水果，一些地区由此而脱贫致富，也解决了一部分人的劳动就业问题，对我国经济的发展做出了不小的贡献。反之，如果我们不利用这一气候资源，那么，我们就只能眼看新西兰人利用我国的物种大赚其钱，我国极少数人能吃到进口高价的猕猴桃，而多数人却吃不到这种水果，山区的孩子们照样只能吃又小又酸的野生猕猴桃，更谈不上它的经济效益了。

苹　　果

苹果是我国北方的主要水果，主产地原在辽南和山东，这已是世代相传、众所周知的了。但改革开放以来陕北、陇南、晋南等地异军突起，生产了大量苹果，不仅夺去了辽宁、山东两省的部分市场，还远销海外，颇受欢迎。20 世纪 90 年代中期我去陕北，亲自尝到了当地产的苹果，味道确实不错。我曾经问过革命战争年代在陕甘宁地区工作和生活过的邹竞蒙等同志，在那个年代是否曾在延安看到过或吃过苹果，他们说根本没有，那年头有的只是农民在自家房前屋后种的一些大枣、核桃，再有就是柿子，这些都是当年招待客人的上品。晋南的情况也大体如此。虽然从文献上查出苹果苗 1947 年就移植到了陕北，但那年头开荒、种地忙的都是种粮食，解决口粮问题，20 世纪 50 年代的大跃进也是如此，根本顾不上移植、推广苹果问题。周恩来总理 1973 年陪外宾最后一次回延安，看到当地人民生活仍然很困难，回来后说，革命多年了，老区人民还没有脱贫，感到内心不安和内疚。

改革开放以后，经过研究发现在黄土高原海拔800～1200米的地区具有种植苹果的气候资源，也就是陕北、陇东、晋南一带，于是就开始逐渐推广苹果种植，扩大种植面积，连地势较低的运城和关中地区也都大量种植了苹果，使这一带成为我国一个新的苹果主产区。总的看，这两片苹果主产区中，沿渤海湾、燕山山脉和山东半岛这一片面积要大于黄土高原，即陕西、山西、陇南等这一片。但后者发展势头更强。

2011年仅延安市洛川县一个县的统计，全县种植苹果3.3万公顷，人均0.2公顷，总产68万吨，价值24亿元。农民人均收入6000元，占其农业收入的90%～95%。千阳县2014年统计，人均苹果平均收入达8955元。不少革命老区的农村革命胜利以后几十年都没有脱贫，种了苹果之后竟脱贫致富了，十分可喜。洛川潘小平一家从2000年开始种苹果，2011年已经种植110亩，2012年以后苹果价格持续走高，他们全家年收入现已稳定在50万元。潘说苹果树就是脱贫树、致富树。

实际上，进入2011年，我国已跃居世界苹果第一生产大国，也是浓缩苹果汁第一生产和出口大国。到目前为止，洛川苹果已取得加拿大、英国、泰国、澳大利亚等8国的出口认证或免检。我国苹果的出口除上述国家外主要是俄罗斯、东南亚及周边国家和港、澳、台地区；浓缩果汁主要是出口美国、西欧。为国家赚取了不少外汇。今后的发展潜力还不可限量。

看不见的气候资源

讲述以上3个故事和例子是要说明气候资源虽然看不见、摸不着，但它确实存在，气候资源的开发利用对一个地方具有很大的经济效益。山西吉县气象局只有六七个人，租了一片荒地（20年），种了1200株苹果苗，总共投入几万元，如今才几年，已大量结果，进入盛果期后，收入还会成倍增加，由此可见一斑。气候资源开发利用得好就可以发掘和培植许多名、优、特产品，并可以由此而脱贫致富，甚至于富甲一方，其作用一点不比其他资源小。实际上，气候资源的作用并不限于水果、瓜类的生产，还包括各种蔬菜、花卉、粮食作物、经济作物、林木以及禽畜等等。此外，气候资源还包括风能、太阳能的利用和疗养、体育运动、旅游地点的选择等等。

发展是硬道理。经济要发展、西部要大开发，就要想出多种生财之道，开发利用气候资源是比较切实可行的选择之一，国内外都不乏先例。除了前面提到猕猴桃是新西兰从我国引种过去后发展成为他们国家的一个支柱产业外，还有就是荷兰的花卉。世界上花卉出口最多的国家是荷兰，而其中的拳头产品就是郁金香，目前他们每年的出口量达 20 亿株，包括鲜花和球茎，创汇 200 多亿荷兰盾，郁金香花卉产业成为他们国家的支柱产业之一。其实郁金香是一种喜寒花卉，原产地并不在荷兰，而在高加索和我国的西北高山地区，是多年前从这里引过去并加以培植优化的产品。既然外国人可以这么做，我们为什么不可以也这么做呢？既然我国能成功引种芒果、猕猴桃、苹果，当然也可以引种其他作物。其实，搞气候资源开发也是一种创新，就是要打破祖辈的传统观念。它的优点是投入少、风险不大，缺点是开发周期要长一些，需要若干年，难以快速致富。这里需要的是关于气候资源的知识和对其开发利用的意识，特别是与各地有关部门领导的重视、支持和胆识有关，另外与气象、农林、园艺部门的合作也十分重要。

我国幅员辽阔，南北和东西跨度很大，地形复杂，海拔高度差异也很大，因此气候种类很多，特别是中小尺度的气候更是种类繁多，这表明我国的气候资源异常丰富。可以说，只要我们肯下功夫，世界上绝大多数名优特产品包括许多至今我们还没有引进和见到过的产品，都可以引进过来加以培植、优化并有可能发展成为我国的拳头产品甚至支柱产业。同时我们也可以利用我国的气候资源发展我国特有的名优特拳头产品和支柱产业。

普及和宣传气候资源的科学知识，利用我们的气象资料和技术手段开发各地的气候资源，气象工作者责无旁贷。这也是我们气象工作的新领域，是气象工作者施展才智的广阔天地。

短时暴雨与城市积水

随着经济的不断发展，城市中建设越来越多的高楼大厦、柏油马路、城市广场、立交桥、停车场等等，使市区内的裸露土地越来越少，一旦下起雨来，雨水很难渗入地下。遇到大雨、暴雨，雨水来不及通过下水道流走，就形成径流，汇集成了积水，特别是在市区内地势比较低的地区。虽然现在许多现代化城市，包括我国新建的不少城市都有比较现代化的排水和下水管道系统，但遇到降雨量过大时，仍然会发生排水不及而形成积水，同样的情况国外许多现代化的都市也难以避免。积水的多少与降雨的强度、降水量的大小以及下水系统的设计有很大关系。

城市积水首先危害的是城市交通，即便是 20 分钟的暴雨也能使公路立交桥下造成严重积水，导致涉水车辆的熄火，就可能形成交通的堵塞。更为严重的积水就可能使城市的街道、民房、商业用房、仓库、地下停车场、工厂、机关、学校等受到影响，其所造成直接经济损失是十分巨大的。现代化城市人口密集，商业区集中，受危害严重。如果处置不当或救助不及时还可能造成人员的伤亡。例如 2003 年 12 月 3 日在澳大利亚的第二大城市墨尔本，在十几个小时内降雨 120 多毫米，使市内部分地区积水，许多驾车的市民不得不弃车而逃，或站在车顶或站在马路边的高处求救，相关部门收到的手机求救信号就有上千次，当地警察及时派出一批橡皮船出来救助，才未造成人员伤亡，但经济损失严重；1 个多月后，2004 年 1 月 29 日晚，仍然在墨尔本，一场雨下了不到 2 个小时，降雨量不到 70 毫米，该城东北部，水深约 0.5 米，不仅造成交通混乱，许多商店、居民住宅及车辆被淹，损失超过 100 万澳元；2004 年 3 月 31 日，香港下雨不到 70 毫米，洪源路等地水深及膝，汽车被水半淹，木屋居民纷纷报警求救；2004 年 4 月 1 日上午在广州出现降雨天气，时间 1 小时左右，降雨量也只有 37.6 毫米,但造成多处浸水,海关学院对面马路 100 多米长的路段浸水约 0.7 米,相关的报警和求救电话大增;2002 年 7 月 30 日我国成都市的一场暴雨使市内部分地区受淹,五福立交桥和五块石大道立交桥下的积水达 1.5 米,交通中断达 8 小时,市区共有 13 处出现积水,西城角低洼处水深齐腰,经民警救助 153 人得以脱险。类似的例子近几年在我国许多城市都曾发生过。造成这些灾害的降水的特点是:时间短,可能只有几个小时,有时甚至不到一个小时;降雨强度大,1 个小时就可能下三五十毫米,但降雨总量不一定很大;降水范围较小,只是城市的一部分,甚至只是几个街区;灾害持续的时间不长,一般几个小时、最多一天就过去了。这些特点都和雨季对流性降雨的阵性、分布不均匀性和局地性有关。尽管这种灾害持续时间很短,但是对于一个城市,无论是商店、仓库、工厂,还是居民家庭或地下停车场,只要被水浸泡都会造成损失。而在农村,农田被水短暂浸泡后,只要积水消退,农作物可以照常生长,不会造成巨大的损失。

城市积水灾害的防治

正是由于雷阵雨的阵性和分布不均匀性,使得这种短时、局部性的强降雨预报起来比较困难,特别是具体的降雨区域很难预报,因为它有时只有十几平方公里、甚至只有几平方公里;另外,降雨的强度也不易把握。从理论上说,现在的中小尺度数值预报的精确度可以达到 1 平方公里左右、甚至更小,但这只是一个奋斗目标,实际操作起来有相当的难度。

目前比较好的办法除了数值预报外,还采用卫星云图结合天气雷达跟踪的办法做临近天气预报。国外也是采取类似的方法。他们是在短期 1～3 天的天气预报某个地区将出现强降雨,强降雨的具体落区和时段不定。在强降雨的对流云出现、发展、移动全过程中,用卫星云图结合天气雷达跟踪,这也就是在强降雨开始的前几十分钟或降雨刚刚开始的时候,同时发布强降雨可能出现在城市的哪个方位，向什么方向移动，还会影响哪些地区。连续进行跟踪，滚动预报。他们的临近预报用几种方法同时发布，例如在该城市的电视上用字幕发警报，气象台同时发布语音警报，广播电台也实时转播天气预报，城市交通广播电台根据降雨预报做出交通信息预报并指挥驾驶员和相关人员避开即将和已经积水的地段。他们的这些做法虽然时效很短，但很实用。

国外还有些做法也是针对城市积水的，如：鼓励各单位、家庭购买财产、货物、商品、设备保险，为的是在受损后能得到赔偿，以减少损失；容易发生这种情况的城市警察局多备有相关的救助设备，另外，对新修的立交桥不再使桥底下凹，而是使桥顶升高，以避免桥下积水等等。

多年前，笔者在日本东京郊区的一个小镇(类似国内小卫星城镇)，参观了由城建和水文部门共同设计的防治城市积水的设施。他们把一些公共场所，如街区公园的草地、球场、停车场都做成比一般的地面和道路要低一些，暴雨一来，这些地方就成了蓄水池；如果降水强度很大，仍然不够用，有些楼房的地下室和地下车库可以临时开放并方便地蓄水。他们说，这样做有两个目的，一是减少和避免城市积水的危害；一是有意积蓄一部分雨水，用来浇灌树木、草地和清洗公共设施，如洗车等之用。日本的淡水资源不够丰富，他们着眼的不仅是防灾，还要变害为利。宁可牺牲部分公共设施暂时的可利用性，也要保存多一些的淡水资源。可见发达国家早就为防治城市积水做了长远打算。看来要防治城市积水不能单靠天气预报，要有新的观念和多个部门的共同策划、努力。

正在逐渐增多的灾害

我国的大小城市都在大兴土木，都市化的程度在迅猛发展。这意味着城市里雨水可渗透的地面越来越少，尽管现在许多城市都强调了种草、种树、绿化环境，但实际上所种的人工培植草坪，根系很密，可渗透性也比较差；加大了城市的柏油和水泥的地面，进一步强化了城市的热岛效应，使城市及其周围发生阵性强降水的机会与可能性加大。因此，城市的雷阵雨会增多，积水的问题也会更为严重。

事实上，根据我国一些最新的科研成果显示，气候变暖会使我国一部分地区气候发生变化，降水增多，当然，这个结论还要通过一段时间的实践来检验。有关的科研还对我国过去几十年的资料进行了分析，并揭示出，在我国无论降水是增多还是减少的地区，降水的集中性在增加。这就是说，今后出现大雨和暴雨的机会更多了，而连续性降雨的雨量则相对减少了。

随着经济不断地发展，城市化将越来越普遍，农村人口将逐渐向城市集中，都市化要发展，这将是我国今后几十年的大趋势，不仅我国如此，许多发展中国家也如此；全球气候变化也是21世纪的一个大趋势。这两个趋势就确定了城市积水的灾害正在和将要增多。虽然，城市积水是一种个别区域的灾害，目前发生的频率还不算高，但是它发生在城市以及经济繁荣、人口都很集中的地区，因此，造成的危害就比较大。

与洪涝有关的城市积水

还有几种城市积水并不是由于短时强雷阵雨造成的，而是由于其他一些原因，如在沿江河的城市，由于江河泛滥成灾，使城市大部地区被洪水淹没，在我国许多大中小城市都曾发生过。比如，天津、武汉、上海、广州、安康等等，都曾有过街上行船的记载，但这是属于大范围洪涝。

对于一些沿海城市，由于台风登陆或风暴潮与天文潮的共同作用使暴雨与潮水同时袭击，甚至海水沿江河及下水道向陆地倒灌，导致城市被水淹没。这种涨水来势异常迅猛，人们往往会躲避不及。由于城市被淹而伤亡人数甚大的，多数是属于这种情况。在日本、美国、菲律宾、印度、孟加拉等国的城市都发生过；我国的上海、汕头等城市也发生过。

世界上还有一些著名城市，几乎年年发生积水，发生频率很高，如意大利的威尼斯、泰国的曼谷、孟加拉的达卡等。这是由于这些城市都靠近河流的入海口，本身的地势很低，海拔高度只有二三米，甚至于更低。在雨季中遇有河流水位比较高或降雨较多时，下水道的水就排不出去，甚至倒灌，使得城市积水，但是积水一般不深，只有十几厘米或二三十厘米，人可以趟水而行，车辆可以照样行驶，在威尼斯的旅游胜地圣马可广场，游人还可以踩着广场上垫的大砖头在水上行走。但是，这类积水消退得很慢，有时要几天、甚至十几天。积水已经成为这几个城市市政当局的老大难问题。威尼斯和曼谷已经在国际上征集解决方案。随着全球气候变暖，海平面的逐步升高，这几个城市的积水问题会变得更为严峻。

就目前所知，我国沿海还没有这样的城市，至少情况还没有那样严重。但是我国确有些沿海的城市如天津、沧州、上海等地，地下水位在下降，导致城市地面下沉；另一方面，海平面也在上升。这种趋势如任其发展而不加控制，那么，几十年后，也会发生类似的问题。

笔者作于 2004 年 6 月

龙卷风及其灾害

龙卷风是大气中一种尺度很小而旋转极快的旋风，它一般在空中生成，其底部着落到地面的叫陆龙卷，落在水面的叫水龙卷。它一面旋转一面移动，从生成到消失一般不到半小时，真正造成灾害的只不过几分钟，但是它的破坏性很大，所到之处造成的灾害都是毁灭性的。由于它个体太小，旋风的直径不过几十米到一百多米，生命又太短，对于目前各国的常规气象台站网而言，它是漏网的小“虾”，捕捉和观测不到它，因而过去对它的了解就比较少，统计数字也不准确。近二三十年来气象卫星和高性能多普勒雷达网的应用，人们对它有了不少新的认识。

龙卷风以美国发生最多，每年有 800～1100 多次，着地而造成灾害的平均 1000 次。多发生在 4—7 月，以 5 月、6 月居多，实际上一年四季都有，盛夏时还会与登陆飓风相伴而生，冬季有时会发生在南方和西部沿海。从地域分布看，美国以中西部平原居多，德克萨斯州最多年平均达 124 次。

我国与美国在气候上有许多方面相似，也是一个龙卷风多发的国家，但至今还缺乏比较完整的观测报告和统计资料。据现有资料估计我国每年发生 50～80 次，不足美国的十分之一。我国的龙卷风几乎全年都有发生，各地发生的季节不同，以春夏居多。盛夏在台风登陆时会在台风中心的右前方引发或伴生，常会误认为是台风本身的灾害。夏秋之交、甚至深秋、初冬在华南也偶有发生。从地区分布看从黑龙江、内蒙古到海南岛都有发生。南方多于北方，东部多于西部，平原、丘陵地区多于高原，湿润地区多于干旱地区。

龙卷风是一种很强的对流天气系统，它常发生在冷暖空气交汇地带，特别是在低层有暖湿气流而高层有冷空气的地区。因此，它也常发生在热低压或锋面系统附近。在世界许多其他地区也常有龙卷风发生，如印度、孟加拉国以及其他东南亚国家等。相对而言，在季风气候区要多一些，而在地中海气候区的欧洲国家就很少。在世界各国大城市的闹市区还没有观测到过龙卷风，这可能与大城市的热岛效应以及城市复杂建筑物所形成的特殊风场有关，但是在大城市的郊区和边远地带确实观测到有龙卷风发生。

龙卷风的发生具有集中性和群发性的特点。所谓集中性就是在某种环流形势下，它可以连续几天在某一些地区发生，当然不会在同一具体地点。如美国在 1974 年 4 月 3—4 日，连续两天在 11 个州发生了 148 次。在我国也有这种集中性，一般是连续 2—4 天。例如 1998 年 6 月 30 日至 7 月 4 日连续 5 天时间，在江苏的淮安、安徽的灵璧、河南的商水、上海的嘉定、浙江的嘉兴等 5 个省、市共 17 个县相继发生了龙卷风。所谓群发性，就是龙卷风发生时常是在几个小时内一下发生几次或几十次。如 1999 年 5 月 3 日一天在美国的俄克拉荷马州就发生了 61 个龙卷风。在我国同时发生 3～5 个、甚至更多的也是常有的。例如，1987 年 10 月 30 日在江西南昌、都昌、波阳、新干，湖北的公安、嘉鱼、阳新以及浙江的平阳等地就在几个小时内都暴发了龙卷风。

典型的龙卷风在空中表现为一个漏斗状云柱，上大下小。我国有的史志记载中形容其为“下垂若螺”。人们可以看到它的存在和移动，这是大气中罕有的可以用肉眼看到的天气系统。但是并不是很多龙卷风都那么典型、清晰，有的像一股青烟直冲天空，也有不少则被云柱下的一片黑云遮蔽，什么也看不见。当龙卷风的云柱接触到地面，就是一场龙卷风灾害；当它接触到水面时，云柱就变成了以水为主的水柱。大部分龙卷风云柱会接触地面，也有一部分在空中停留一段时间后会自然减弱消失。什么情况下它会触地，什么情况下它会在空中消失，气象科学家目前还不是很清楚。

龙卷风一般发生在下午三四点到晚上八九点钟这一段时间。偶然也有在后半夜发生的。生成之前人们会有一种闷热、憋气的感觉。

龙卷风来临时天昏地暗，白天也如黑夜，多伴有冰雹、暴雨、雷电，同时还有巨大的轰鸣声，有人形容它像几十架喷气机低空掠过，震耳欲聋，给人一种恐惧感。其灾害主要来自大风，其中的风力一般都超过12级风，即大于32米/秒。美国有人根据风力(33～142秒/米)将龙卷风的强度分为六级，这在实际预报和防灾中意义并不大。龙卷风不仅风力特大，由于风的切变大，就是风向、风力的分布很不均匀，产生一种扭曲力。此外，其中心气压特别低，可以比外界气压低100百帕，因此它还有一种很强的、向上的抽吸力或者说是一股很强的上升气流，很多重物都能被它吸卷到空中，抛到几十米或几百米外。如房顶、汽车、大油桶、牲畜、人等等。一般大风过后，房屋、大树是朝着一个方向倒；而龙卷风过后，砖瓦、门窗、什物撒得遍地，一片狼藉，毁坏得很彻底。在龙卷风未扫过的地方，虽然离灾害区只几米远，房屋、树木等却安然无恙。

龙卷风虽然具有毁灭性，但它所带来的灾害范围小、时间短。据美国的最新统计，龙卷风所形成的灾害带平均70米宽，长度是2～7公里。龙卷风着地时间平均5分钟，其中心的平均移速是每小时40公里。美国每年死于龙卷风灾害的人数平均为80人，受伤者1500人，灾害的平均损失为8.5亿美元。

现在龙卷风成了美国气象灾害的最大杀手。如何才能把人员伤亡和财产损失降下来，关键是能在龙卷风发生之前做出预报、警报。从20世纪70年代开始，特别是1974年那场龙卷风之后，美国气象部门就把监测和预报包括龙卷风在内的中小尺度灾害性天气作为工作重点之一，20世纪80年代又花费巨资在全国建立了高性能的多普勒天气雷达网，还用静止和极轨两种气象卫星监测其动态，同时，又用小网格数值预报方法对其进行预报。二三十年来虽然取得不少成效，死亡人数由50年来最高时(1953年)的519人，到1974年4月的318人，降低到近年的平均80人。但龙卷风的威胁依然不减，伤亡和损失仍然保持在一个较高的水平上。问题的难点在于龙卷风的生命史太短，等发现它再做预报常常就来不及了。

美国现在的做法是，当数值预报图上出现有利于龙卷风的环流形势出现时，再预报大气层稳定度的变化，在不稳定度达到一定指标时就发布某些地区可能发生强对流天气或龙卷风，有的则发布强对流天气的风险等级。预报的区域比较大，一般包括一两个或两三个州（相当我国一两个省的范围）。实际上，这种预报多数情况下是报而不出，常常是“放空炮”或者只是出现一般的雷雨大风。因此，除了气象专用频道，一般电视台多不愿播送这种预报和警报，怕引起“狼来了”的效应。他们更多的是依靠雷达和卫星的监测。雷达每六分钟扫描一周，不停地在扫描。一旦发现有龙卷风出现，不管它是否着陆，就立即发布警报。这时候再把警报内容传到电视台或广播电台去广播都来不及了，预报员就在预报室用话筒直接对外广播。气象部门有专用的广播电台——NWR(NOAA WEATER RADIO)，有 7 个频率不停地广播。在龙卷风多发地区群众家中多备有警报器，实际上就是一部无线电收音机，气象台的警报信号可以将它自动打开。这种警报器在一般商场或超市里都可以买到。还有的电视台自身备有天气雷达，当他们发现雷达屏幕上有龙卷风时，气象节目主持人（也是气象工作者）直接在电视上或用电视字幕发布龙卷风警报。

即便如此，他们对龙卷风的预报时效平均只有 12 分钟左右。预报员们此刻不能有所犹豫。这里不妨列举一次他们的预报过程，我们就可以了解其预报水平。1999 年 5 月 3 日在美国俄克拉荷马州及其附近发生了群发性的龙卷风，他们的预报如下：

15:49 发布对流性天气灾害有中度到高度风险；

16:15 发布第一次强雷暴警报；

16:45 发布在俄克拉荷马州中西部可能发生龙卷风、冰雹；

16:47 发布第一次龙卷风警报；

16:51 观测到龙卷风；

17:11 俄城气象台发布龙卷风有移入本区的可能；

18:57　该气象台预报龙卷风可能于19:15—19:30移入本区西南部，国民应立即采取预防措施；

18:58　龙卷风在麦克来安县着陆；

19:11　龙卷风袭击克里夫兰县。

这就是他们认为报得还不错的例子，实际上还只是他们预报的一小部分。这一天在这个州及其附近总共发生61个龙卷风，其结果是：死亡44人，伤790人，经济损失13亿美元。据美国媒体报道，美国天气局宣布：2003年5月1—11日共有380个龙卷风袭击美国的俄克拉荷马、田纳西、肯特基、伊里诺、密苏里等8个州，龙卷风出现的集中程度和单月出现的总数都突破了几十年的纪录。这次共死亡45人，伤145人。

从上述情况可以看出防灾是个大问题。在美国似乎也没有什么好的防范龙卷风的办法。但美国人包括小学生一般都具有这方面的知识。他们普遍都买保险，房屋、汽车损坏可以获得赔偿，伤亡也有保险公司理赔；平常注意天气预报，有强对流天气预报时就要留心，把家里电视、收音机打开，不过，龙卷风临近时电视和收音机常会收不到信号，有人还不时伸头望望窗外；要把煤气关掉；事先安排好躲避龙卷风的地方，机关、学校一般都把人员集中在楼房的底层或地下室，家庭有楼房的也是如此，平房的住户有的则躲到邻居家的地下室，有的在家里安排好一个内室的角落，诸如在大桌子上面再放一大床垫等，总之，要能在最短的时间内躲避到位；有人看见龙卷风开车就跑，但就怕跑错了方向或在高速公路上遇上堵车；有人认为龙卷风过不了河，雷暴、冰雹过河会减弱、甚至消失。实际上龙卷风能过河，曾经把河里的汽轮掀翻过，毁坏过桥梁，因此躲在船上或桥下都是不安全的。

尽管龙卷风的防范仍然是许多国家面对的一大难题，但多让国民了解一些有关方面的知识，对防灾、减灾总是有好处的，至少当有情况发生时他们不至于过于惊恐失措。

笔者作于2003年3月

谈谈焚风效应

一提起刮风，人们常常想到的是寒风凛冽，透心刺骨。殊不知还有一种风，越吹越热，令人燥热难耐，这就是焚风。焚风是一种由地形影响造成的干热风，最早由德国气象学家根据阿尔卑斯山区的干热风命名为 Foehn 的，中文译成焚风，既是音译也是意译，非常贴切。

当空气上升时，气压降低，空气就膨胀，气温也因而随之降低，空气中的湿度加大，并可能凝结为水滴而形成云或降水。反之，当空气下沉时，气温就升高，湿度降低。在山下遇有空气沿山坡而下，形成的风，又热又干，风越大升温越快。这就是焚风。因此这种风一般都发生在山脚或近山的山谷，平坝地区，是一种局地性天气。

在世界许多国家和地区都有焚风发生。最著名的当然要数阿尔卑斯山区的几个国家，如瑞士、德国南部、奥地利和意大利北部的一些城市和地区，其中也包括瑞士首都伯尔尼；北美洲落基山脉以东的美国和加拿大地区，这包括美国中西部的好几个州，当地把焚风称为钦诺克(Chinook)风，多发生在一二月份，有时来势很猛，很厚的积雪会在一两个小时被融化掉。当地又称之为“吃雪风”。在亚洲的伊朗、格鲁吉亚和俄罗斯的高加索地区、日本、菲律宾、越南也都有焚风；此外，在南美洲和大洋洲也都有焚风的报道。不过，各地常有不同的名称。我国也有不少地方有焚风，如大兴安岭以东地区，太行山脉以东的石家庄一带，四川，云南的金沙江、红河河谷地带，海南岛的西部和台湾的东部以及新疆的天山南北，等等。

焚风一般持续几个小时，也有持续一两天或两三天的，个别时候能持续几天。焚风发生时几个小时内能升温 6～10 ℃。如厦门 2005 年 8 月 7 日 4 小时内升温 8.5 ℃，当日最高气温达 39 ℃，打破了历史同期纪录；台湾的台东 1994 年 8 月 8 日晚发生焚风，气温迅速上升，到午夜一时，气温高达 39.1 ℃，使人无法入寝；石家庄也有几个小时升温 10.9 ℃的纪录。强的焚风可以在一两个小时升温 20 ℃。1966 年在加拿大的阿尔伯达省平切尔克里克曾记录了 4 分钟升温 21 ℃;在意大利西西里岛的首府巴勒莫,曾出现 3 分钟升温 17 ℃的纪录。强焚风时升温之猛烈程度由此可见一斑。

也有些地方焚风并不猛烈,气温升高也不多,但发生的频率很高,如奥地利的因斯布鲁克一年之中有 80 天有焚风,高加索的库太西地区一年中出现焚风的日数达 114 天。我国的云南、四川、贵州和广西等省区的河谷地带和沿江河的平坝地区也有类似的情况,使这些地方从气候上就比同纬度、同海拔高度的地方气温要高,降水要少,形成了一种干热气候。

焚风的危害是多方面的。由于焚风既干又热,很容易引发火灾,包括森林、草原和房屋的火灾。美国的加利福尼亚,亚里桑纳州和我国大兴安岭常发生森林大火和焚风效应不无关系。越南中部发生焚风时甚至严格禁止村民用火,包括在家点火做饭。为的是防止火灾。台湾群众把焚风俗称为“火烧风”,也表明这种风容易引发火灾。

焚风对农作物、家禽、牲畜也有危害,突然的升温,特别是气温达到 35 ℃以上时,许多作物容易枯死,如玉米卷叶、枯萎、作物发黄发黑。轻的焚风也会使作物催熟、减产。据报道,某养鸡场遇上了焚风,由于未及时防备,几个小时就死了两千多只鸡。

骤然的升温也会使人体感到不适。比较普遍的感觉是口干舌燥、烦躁不安。有些人会心跳加快、心悸、血压升高,年老体弱和有心血管病的人病情常会加重,甚至需要去医院急诊;还有些人头晕或有偏头痛,有的偏头痛带有周期性,会持续一段时间。据美国,加拿大和阿根廷等国的统计,在焚风发生期间交通事故率均有所上升。因此,一般在焚风期间都不开展重要的工作和大型活动。偏偏 2004 年 7 月 1 日,台湾台中的高考就遇上了焚风,气温上升到 39.9 ℃,考生们都叫苦不迭。

瑞士、德国等国的医学部门已针对焚风的病症进行医学方面的研究,以提出预防和治疗的措施。新西兰的医学部门还在研究焚风和婴儿猝死的关系。

焚风也不是绝对的坏事,在阿尔卑斯山区和美国的中西部当有冬春积雪时,牧民就盼望有一次焚风把积雪一扫而光,让牛羊又能吃到青草。

在那些河谷地带,焚风不强而气温又偏高的地方,就适宜于种植喜温、喜热的蔬菜、水果、花卉,这类作物的成熟期比邻近地区都早,既能满足市场的需求,也能卖出好价钱。可以作为有利的气候资源加以开发利用。

虽然,焚风只是一种地方性天气,持续时间一般不长,但其影响不可小视。看来有关地方气象部门应该重视和加强这项工作,并和医学,农业等部门合作共同趋利避害,为民造福。

天气变化和人体反应

科学家们发现，虽然人并不像熊等动物那样有冬眠现象，但人体中的化学过程确随季节而变化。比如在冬天，一些人所消耗的体内脂肪比其他季节更多。人体中这种化学过程周期性的变化，可能是原始人类的一种残迹。而原始人则有可能有冬眠现象，至少，其在冬季的活动大减。这一论断的依据是萨金特博士所揭示的。他在1980年去世之前是美国德克萨斯大学的教授，是美国研究生物气象学——天气对生命现象作用的科学先驱。

冬季，人体的新陈代谢作用变缓，以便体力能保持而耐久。通向人体表面细胞体的毛细血管收缩。这样，人体抵抗疾病的能力就降低，心血管病的发病率增加。世界上大多数地区，死亡率都是冬季最高。

当天气变化时，人体也随之而变，以使体温保持不变，并使身体其他的重要功能正常进行。如果在一次夏季热浪过程中气温升到40 ℃以上，而人们的体温不能降至正常的体温，那么人的脑子就可能受到永久性的损伤；当气温在20～22 ℃，相对湿度在50%左右，而且无风的时候，人们会感到舒适，但是人们体内的温度却必须竭力保持在37 ℃。如果人体的温度下降了5 ℃，就可能很快死去。

控制人体恒温的器官是脑子的一部分，称为下丘脑。当下丘脑侦察出血液温度在下降，1秒钟之内它会下令全身来保护自己。在1～5秒钟之内，每根通向表皮的血管都会收缩。这样就可以减少身体向四周空气的散热。在极度寒冷时，下丘脑会实际上下令关闭通向表皮的血管，使皮肤变得坚实、苍白而冰凉，与此同时，却使血液向内流，以支持心脏和大脑的活动。

血温升高时下丘脑几乎以同样的速度下令靠近皮肤的血管扩张，以加速人体的散热。它还可以下令汗腺排汗，这样可以使人体通过挥发汗水而降温。在紧急情况时，下丘脑可以对整个人体起调节作用，合理分配人体内的水分，调节细胞耗能的速度等。它甚至可以使人体颤抖以产生体热。

在夏季和冬季，下丘脑和身体中的其他控制器官能够保持平衡，使人体中的化学过程和内分泌水平适应于季节。此种适应过程可以解释为什么在夏季或冬季到来几周之后，人们才开始对天气感到适应和舒适。这种适应过程还可以解释为什么一个旅行者从多雪的芝加哥到温暖的洛杉矶反而会感到冷。这是因为加利福尼亚的阳光容易使他出汗，而汗水挥发的冷却就会使他感到寒冷。

一年中最不好受的时间是过渡季节，特别是春天。当下丘脑和其他器官察觉到春天到来的时候，体内新陈代谢的转变过程在开始阶段带有突发性，特别是对那种对天气敏感的人，血酸增加，血管中的高胆固醇和血糖被冲刷。有些人消耗体能的速度大增，血管中涌现荷尔蒙，这可以使年轻人激发青春之情，其头发、胡子和头皮几乎以成倍的速度增长。有些人甚至会感到春天这种季节转换的压抑有些难以忍受。当春热流行之时，精神病院的住院人数增加。在美国，自杀率以 3 月底至 4 月为最高，这种难受的天气可能是其主要原因之一。春季，极地的冷气团缓缓地让位于副热带暖气团。一个突然转暖的天气就可以使体内调整过程开始。然而，冷空气的回转又常骤然带来晚春料峭之寒，也使人体感到不适.

春天和秋天也是大风呼啸的季节。风力的声音有时音频过低使人听而不闻。但人体却有所感觉。科学家们发现这种次声波影响人体的神经中枢系统。在世界上许多地区春天和秋天吹一种热风，人们称之为巫婆风，因为它多少和疾病、交通事故、工伤事故、犯罪和癫狂有关联。这种风包括美国西北部的钦努克风，加利福尼亚的圣塔安娜风，意大利的塞罗河风和中欧的焚风。自 20 世纪 60 年代以来耶路撒冷的哈达沙大学医学中心生物气象教研组的沙尔曼博士，一直在研究风对人体健康的作用。他发现以色列有百分之三十的人口患有一种与当地季节性热风——沙拉夫风有关联的症状。许多人头痛、恶心、烦闷、精神不集中。此种症状多开始于沙拉夫风到来 12 小时之前。研究者们还发现,在此期间沿起风路径上的空气离子——带电荷的分子的含量几乎增加一倍。更有甚者,在沙拉夫风靠近时,正、负离子的比率剧增。而通常情况下其比率约为 1.2∶1。沙尔曼博士的结论是:空气中电离子平衡的破坏,导致了那些对天气敏感的人们的体内化学过程的变化。许多人在血流中开始分泌大量的血清素,这是一种能把信息带入大脑的荷尔蒙。另外一些人甲状腺负担过重。而甲状腺中的荷尔蒙对新陈代谢是十分重要的。而带有沙拉夫病症的人产生过多的肾上腺素,患了一种沙尔曼称为肾上腺衰竭症的病。它导致神经紧张、压抑和疲劳。

1960 年,加利福尼亚大学伯克莱分校空气离子研究室的创始人克鲁基尔博士的研究表明,阴离子使实验动物的血液、组织和大脑中的血清素水平下降。与此相反,正离子则增加血清素的水平。克鲁基尔和沙尔曼等人由此推测,这种增加的血清素就是风所引起病症的邪恶所在。沙尔曼所设想的解救办法就是搞一种产生负离子的装置。

20 世纪 50 年代医生们就发现,使空气负离子化,可有助于烧伤的痊愈等。它有一种使人镇静的作用。60 年代曾一度流行的一种负离子产生器,1980 年又时兴起来,美国人一年就买了 24 万个。

但有些研究者最近从自杀者和精神病院中患有慢性忧郁症的病人的大脑中,发现血清素有减少的证据。另一些人发现大脑中血清素的减少和以下一些病状有关联:焦急、压抑、郁闷、失眠、烦躁和肆意挑斗。这些证据说明,负离子产生器并不是对每个人都有益。

然而,许多科学家,特别是物理学家怀疑离子对人体健康的影响。他们认为现有的研究并不排除其他因子对人体健康的影响。显然,这方面还有待于更多的研究。

有些生物气象学家认为,由于天气变化能使人体化学过程发生变化，因而在医生治疗疾病时，应该考虑天气的因素。现在有100种以上广泛使用的药物和天气有相互的作用。比如，咖啡因可以使血管收缩、血压升高，而使人体变暖；尼古丁可以使腿、臂的血管收缩；酒精、大麻可以使靠近皮肤的血管扩张，从而使人体散热。有些在热浪期间死去的病人，就是由于医生无意识地给开了镇静剂的处方。而镇静剂使人体不发汗，从而阻止了人体由于汗水挥发而降温的能力。

温度也并不是唯一与药物有相互作用的天气因子。人体可以察觉大气压力的微小变化。从而很快地调整体内的血和水压使之与气压相抵消。有一项研究发现，有种强心剂——毛地黄，在海平面良好天气时服用是安全的，而同样的剂量对于在气压颇低的时候，如上高山旅行，坐飞机，或风暴来临前气压的降低却会有致命的危险。

在西德，大夫们或医院的官员们只要拨个电话，就可以得到一份生物诊断报告。说明当前或正在来临的天气对人体健康可能有何影响。倘若，一份报告说明，当前的天气可能使对于天气敏感的人注意力分散且易于疲劳，这可以警戒外科医生，准备接待更多的交通、工伤事故患者，并防备循环系统紊乱和血液不正常凝聚等急病患者的召唤。

然而，到目前为止，美国医科大学教科书中仍极少涉及天气对人体健康作用的内容。生物气象学只在很少的医学院校讲授。当人们对如何使人体适应于天气变化的知识有更多地了解时，人们就会生活得更为健康、舒适和愉快。

第四篇

随 想 杂 谈

评美国影片《天气预报员》

美国好莱坞于2005年10月底推出了一部故事影片《天气预报员》(The Weather Man),影片由著名影星尼古拉斯·凯奇主演。此人曾演过几部很叫座的电影,如《国家宝藏》《战争之王》等,有一批影迷。到2006年二三月,这部影片已在美国各大城市完成了第一轮上演,创造了一千多万美元的票房价值,尽管这个票房价值在美国还不算高,但报纸上也还发表了一些影评。目前,这部影片已在加拿大等国上演,并已发行了光盘。

天气预报员在英语里的正规用法是 weather forecaster。然而在美国,早年因天气预报不大准确,报纸上常有漫画笑话、讽刺、挖苦预报员,把他们称为 weather man,渐渐地这个词就被人们所接受和沿用。电视天气预报节目出现后,这个词又把电视天气预报节目主持人也包含在内,因为美国多数电视天气预报节目是由预报员来主持的。

影片的主人公大卫·斯普里兹并不是真正意义上的预报员,而是芝加哥电视台早间天气预报节目主持人,虽然他每天只工作两个多小时,拿了六位数的年薪,并经常在电视节目中露面,他成了一位公众人物,春风得意,令人羡慕。然而,由于他个性偏激、怪诞、自信心过强而高傲,处理不好各方面的关系。

妻子离他而去跟了别人,儿女归妻子抚养,虽仍和他有来往,但没有受到好的教育。儿子和坏人混在一起吸毒,女儿跟他要钱说是买笔记本,转手就去买烟抽。他父亲是位著名的作家,身患重病也没有得到他的很好照料,不幸去世。他心灵空虚,靠射箭来弥补空虚和消磨时间。

最后,又丢掉了工作,眼看是走投无路。后来他竞聘纽约电视台"早安,美国"节目的天气预报主持人,获得了试镜机会,前程又出现了一线光明。

在社会各行各业中，天气预报员只是气象行业中的一个小的群体。而电视天气预报节目主持人是一个更小的群体，兼有预报员和电视节目主持人两者的特点。这两个群体的工作和生活有其自身的特点和喜怒哀乐。比如，他们每天的工作形式相同，但内容和成果却不同，每天要受到大自然和广大公众的检验、评价。不像许多行业是半年或一年一评，他们有他们的困惑、尴尬、压力和欣喜。但是，遗憾的是除了美国等西方国家用漫画和笑话拿他们取笑外，几乎没有什么文艺作品以他们为主题，不论是歌曲、小说、电视剧还是电影。这反映社会对这个行业实在是太缺乏了解。

令人失望的是《天气预报员》这部电影并没有反映和揭示这个行业的工作、生活和矛盾。影片中他们的工作、生活情景的场面和镜头很少，只有一些表现电视演播室制作电视天气预报节目的几个镜头，可以看出这部电影的剧作家选择了一个好的主题，但并没有深入这个行业的实践去体验生活，发掘故事题材。实际上是借天气预报员这个在美国引人注目的个别“人”，来描述一个美国中年男子的家庭危机和悲剧。

这和天气预报员以及天气预报电视节目主持人的职业没有必然的联系。这种家庭问题可以发生在任何职业，而这种问题在天气预报员这个行业中也并不具有什么代表性。看到过一些影评，没有见到业内人士对这部电影给予的好评，倒是有些影评称赞这部电影比较真实地反映了某些美国中年家庭的现实问题。

影片中多次穿插了骂人的脏话，甚至还加了一些色情镜头，简直有伤大雅，降低了影片的品位，落入了美国社会影片的俗套。

影片主人公多次在街头被人认出后，就向他扔冰激凌、西红柿、汉堡包，以发泄对天气预报的不满或对恶劣天气的愤怒，这显然是导演为了增加戏剧情节所做的过分夸张。

实际上，近十多年来，美国的天气预报有了明显的改进。中期天气趋势报得很不错，一般人都会自觉或不自觉地按天气预报来安排自己的生活、工作和活动。但是，天气预报也并不完全准确。根据近两三个月的观察，确实有报了有雨而没有下的，或报了夜里有雨实际是延到次日白天才下的。去年，北卡洛来纳州共发生了150次龙卷风，而他们只发了50多次龙卷风警报。

尽管美国具有世界一流的气象装备（如气象卫星和雷达）、一流的技术，但龙卷风灾害在美国照样很猖獗，每年都造成不少人员伤亡。在天气预报中他们仍然使用一些灵活的和含糊的语言，如预报：明天阴，可能有小雪；今天下午有局部阵雨等等。可见他们的天气预报也不很精细。

人民群众对天气预报总体上是满意的，偶有预报失误也能谅解。遇到飓风、龙卷风灾害，他们并不迁怒于预报员，冲着他们撒气，而主要是指责政府防灾减灾不力。如果真见到天气预报员他们倒是有可能当面抱怨几句或背后指指戳戳，再尖锐些无非是在网上发表一些尖刻的评论，何至于动辄就向他们扔冰激凌、西红柿、汉堡包？那岂不低估了普通美国人在日常生活和交往中的文明礼貌水平。

笔者作于2006年4月

数气象风流人物既看今朝更看明朝

同志们：

能出席今天的大会我感到既高兴又幸运。高兴的是我毕生工作的单位今天迎来了60岁的生日；幸运的是我能亲眼见到气象事业60年来所取得的成就，而许多与我同龄的同事，却已经离我们而去。

共和国成立刚两个月，中央就确定成立气象局，这说明党和政府高度重视气象工作，充分认识到气象工作的重要性。因而，气象局竟成了共和国的同龄人。我们为此感到骄傲。

我国气象事业60年来的成就举世瞩目。我们的各项气象服务得到了各级领导的肯定；对于各行业的服务受到了广泛的欢迎；我们的日常天气预报已经成为广大人民群众每天不可缺少的资讯。我国气象事业的国际地位也在不断提高，和发达国家的差距已经大大缩小。无论从台站网、技术装备和业务技术水平等方面，我们都已经是国际公认的气象大国。

作为一名老年气象工作者，在这60年的发展中，我亲身参与、经历和目睹了其中的56年又3个月。此时此刻我更加百感交集。我想要说的是今天的成就来之不易，是经过几代气象人艰苦奋斗的结果。特别是建局初期，更是困难重重，当时首先缺的是干部。那时候从旧中国留下的和当时高等学校培养的专业人员寥寥无几，大批是从解放战争和抗美援朝结束后调来的解放军，还有就是经过军事干校培养的青年学生。正是他们充实并支撑了气象部门各方面的工作。不懂的就加以培训或在工作岗位上边干边学，其中很多同志后来成了各方面的骨干、专家和领导。他们给气象部门带来了解放军的好作风、好传统。特别要提出的是：他们中有不少同志响应组织号召，背着气象仪器，带着干粮，经过艰苦跋涉，到边疆、高原、沙漠、海岛去建站。我国建国初期的第一批气象站就是这样建立起来的。他们遇到的是高原缺氧、缺医少药、雷电等灾害的袭击，甚至匪徒的抢劫等等。他们就这样奉献了自己的青春,甚至献出了自己的生命。我们要向他们致敬,要永远学习他们“艰苦奋斗、勇于奉献”的精神。如今,他们已经衰老了,我们各级领导应该在力所能及的条件下善待他们。

几十年来,气象事业发展的道路并不平坦,和全国其他部门一样,也曾经受到极左思想路线的干扰和“文化大革命”的破坏,我们走过弯路。改革开放才使气象事业走上了康庄大道。几十年的经验教训使我们体会到:发展气象事业就是要按气象科学自身的规律办事,这就是“科学发展观”;发展气象事业要充分调动气象人的积极性,激发他们的首创精神,没有他们的努力气象事业是没有希望的;发展气象就是要不断提高气象科技业务水平,这主要靠搞现代化建设,除了自身科研的支撑,就是要应用、移植世界上已有的各种先进技术、装备,结合我国具体情况为气象所用。这将会是一个漫长的过程。

如今,全国有三万多像我这样的老年气象工作者(20 世纪 70 年代以前参加工作的),我们虽然离开了气象工作岗位,但我们曾经为气象事业做出过贡献、付出过艰辛,有着割舍不断的感情,仍然是气象人。我们密切关注着气象工作的发展,对气象工作取得的每一项成就我们都感到高兴。

经过 60 年的发展,气象事业将进入一个新的发展阶段。以人为本的方针要求我们更好地做好防灾减灾的气象服务,最大限度地保障人民的人身安全;经济的转型和可持续发展的方针要求我们对社会经济各行业和各部门的服务要更加专业化,更讲求经济效益;今后应对气候变化和为清洁能源发展的服务还会向我们提出更多、更新的课题。总之,未来会有更多的挑战。

我们对年轻一代气象人寄予希望,我们相信青出于蓝更胜于蓝,一代会比一代强。

数气象风流人物既看今朝,更看明朝。

笔者作于 2009 年 12 月庆祝中国气象局成立 60 周年大会之际

浅谈“互联网+气象服务”

随着个人电脑和互联网的逐步普及，我们进入了信息化社会。近年来，随着大数据和云计算的发展，信息化社会又进入了“互联网+”阶段。“互联网+”成了当今社会的热门话题：习近平总书记在第二届世界互联网大会上谈到它，李克强总理在政府工作报告中提到它，各部门和各地方政府在议论它，群众也在谈论它；党的十八届五中全会强调要在“十三五”期间“拓展网络经济空间”，实施“互联网+”行动计划；中央号召“大众创业，万众创新”。

但“互联网+”究竟是什么？还很难用一两句话来概括。它可以是社会或行业的转型或升级，可以是运营方式或工作方法的改革，可以是明显提高工作效率的一种方法，也可以是一种新的研究思路，甚至可以是一种新产品。总之，是一种创新或创业。当然，我最关心的是“互联网+气象服务”究竟会是什么？

今年夏秋之交，我去美国探亲，在一家大型超市的家电部看到一件新产品，包装盒上的名称是“Professional Weather Center”，直译为“专业天气中心”。另外，盒面上还印有风杯、风向标、温度计、雨量筒、天线等图像。乍一看，这不就是一套地面观测仪器吗？但上面还有些文字，说的是室外气象观测由太阳能供电，观测资料可自动传到室内电脑上，雨量筒装满后会自动排出并继续观测；室内电脑与互联网相连，还能收到气象卫星和气象雷达以及卫星定位系统资料等；还能显示天气预报。我估计这大概就是“互联网+气象预报”的一种产品。有趣的是，包装盒上还印有“中国制造”字样。

我想找个售货员详细问问，他们表示不能解答具体的技术问题，而且也不让我打开包装盒看里面的说明书。大约两周后，我又去这家超市想再细看这件产品，但已经找不到它的踪影。

既然得不到更多的信息，也只能推测一下这一仪器可能的运作原理。近些年,国际上数值天气预报技术发展很快,欧美各国天气预报水平普遍有了很大的提高,而且,数值预报产品的空间和时间分辨率都提高很多。这些应该是这套设备提供天气预报的基础。

具体到操作层面,这套设备的室外部分是一套自动地面气象观测仪,由其本身收集到的太阳能供电。观测资料可以实时或定时发给室内户主的电脑,作为本地实况观测数据,同时资料将发给气象部门资料中心储存和保管。室内电脑与互联网相连,并与数值天气预报系统相连,可以收到最新的全球或全国的数值预报产品。利用卫星定位系统,这套设备可以确定本用户的地理位置。以本站为中心,设备可以在国内或国外最佳的数值天气预报图上截取一块天气形势和天气要素预报图,截取面积根据用户的需求而定。它还能收到附近一个或多个气象雷达的观测资料和气象卫星观测图像,并用同样的方法,在气象卫星云图和气象雷达图上截取相同面积的图像,用软件把它们叠加和补充在数值预报图上。

在以上这些的基础之上,用户就可以获取定制的天气预报了。如果“用户”是一艘长江上的客轮,它需要了解中小尺度天气系统,如龙卷风的预报,那软件可特别突出这种小系统的移动方向和速度,并做到每10～15分钟预报一次;如果“用户”是有几十万亩农田的大农场,它需要的是中长期天气预报和气候预测,那么软件将不会给其发送气象卫星和雷达资料,只需要把中长期数值预报和气候预测发出去就行。

这套设备强调了“专业”这个词,说明它是要针对不同用户和不同需求的。如果用户需要预报的面积不大,不足200平方公里,那么设备最好能把当地的地理特点表现出来,如在迎风坡还是背风坡,在小岛上还是海湾里等等,这些对预报局地天气有重要影响。

上述种种如基本可行,那么这种“互联网+”仪器在我国应该也是可以使用的。这和我国目前的天气预报过程并无冲突。现在的天气预报,是预报员以数值预报为基本依据,再综合考虑卫星云图和雷达图像以及最近的天气实况，并加以分析判断的结果。有时，预报过程会加上一些预报员的经验和地方特点，不同预报员的预报结果可能有差异。

使用这种设备，最初的使用结果未见得会比预报员的预报更好，就像数值预报当初出现时也远不如预报员的预报准确一样。但随着数值预报水平的进一步提高，气象卫星和雷达资料的丰富及综合软件的优化、升级，这种设备的预报水平也会逐步提高，并将优于预报员。这种仪器的优点在于：它让天气预报向智能化方向迈出了一大步，更加准确、有针对性，服务也不需那么多的环节，会更及时。

制作这套仪器的关键和难点在于综合软件的开发。这种软件需要开发者既熟悉天气预报，又能熟练运用最新 IT 技术，可以运用大数据和云计算技术来编写软件。这种人才目前很稀缺，要善于发现，从年轻人中培养。由于用户需求五花八门，软件也应当适应多种多样的需求。只要开发一个好的软件，就能解决一个行业的专业服务问题，服务效率和经济效益可观。这就是一种创新或创业。

西方国家气象部门的职能与我国不同，它们主要做气象公益服务和天气警报发布。而需求更为多样的专业气象服务，除了民航等气象服务外，主要由市场来提供。因此，一个年轻专家开发出一个好的软件，就能申报专利，继而能开一家颇具市场潜力的专业气象服务公司。人才的重要性显而易见。

这里我想引用原中国工程院院长徐匡迪在“第六届中国经济前瞻论坛”讲话中举的一个例子，来供读者参考。谷歌公司的一位雇员发现了一个气象商机后，辞职创办了 Climate 公司。该公司根据美国国家气象局的公开资料，提取出近几十年来美国各地的降雨、气温、土壤数据，再结合历年农作物产量的数据，可预测美国任何一个地方下一年的农产品产量。该公司借此向用户出售个性化保险，如果实际产量达不到预测产量，用户亏损，公司就给其提供赔付。结果该公司大获成功。因为他们预测的基础是大数据，准确率很高。虽然也有失算的情况，但占比非常小。Climate 公司获得成功以后，谷歌公司眼馋了，花了将近 11 亿美元来收购它。此后，谷歌公司把它注入上市公司里面，通过销售股票很快收回了 12 亿美元。

笔者作于 2015 年 12 月